Verilog HDL で学ぶ
コンピュータアーキテクチャ

浅川　　毅
四柳　浩之 【共著】
土屋　秀和

コロナ社

ま え が き

　近年の開発現場では，ハードウェア記述言語（HDL）を用いてディジタル回路設計を行うことが一般的になっている。しかし，ディジタル回路設計技術を教える工学系大学では，論理回路による基本的設計技術の教授に留まり，それに続く実践的な HDL を用いた設計について，多くは展開できていない現状にある。そうした中にあって，著者らは LSI の設計・評価を研究のメインテーマとして取り組んでいる。関連する LSI メーカとの技術交流を通して，大学での HDL を用いたディジタル回路設計技術教育の必要性を感じ，講義やゼミ等で実践的教育を行っている。

　本書は，コンピュータアーキテクチャの理解をテーマとして，HDL によるディジタル回路設計技術を学ぶ教科書として構成した。2 進数や論理回路などの基本的なコンピュータ工学の基礎は他書に譲り，内容を進めている。また，本書による独習も想定し，とりあげたすべての HDL によるコードは，学習を進める上でそのまま利用できるようにコロナ社 Web サイト（https://www.coronasha.co.jp/np/isbn/9784339029406/）で公開しており，回路の FPGA への実装方法（第 11 章）についても解説している。各章には理解度を確認するための演習問題を用意したので，活用していただきたい。

　本書を実践的なディジタル回路設計の入門書として，学生や社会人の方々に幅広く利用いただき，技術力向上の一助となれば，著者一同，この上ない喜びである。

2023 年 12 月

著者を代表して　　浅川　　毅

目　　　　次

第1章　コンピュータアーキテクチャ

第2章　マイクロプロセッサとメインメモリ

第3章 コンピュータの表現と実装

第4章 Verilog HDL による回路設計

第5章　レジスタ，カウンタ要素

第6章　演　算　要　素

第7章 制 御 要 素

第8章 コンピュータの命令

第9章 コンピュータの高速化技術と信頼性

第 10 章　FPGA によるメモリのアクセス

第 11 章　FPGA への実装　（コロナ社 Web サイトにて公開）

コンピュータアーキテクチャ

　1940年代に開発されたコンピュータは，社会の要求に応じて，その性能や機能の向上とともに，新たな利用分野を開拓しつつ発展を続けている。そして現在では，家電製品に組み込まれる小型なものからスーパーコンピュータなどの高度なものまで，さまざまなタイプのコンピュータが社会生活の中で利用されている。本章では，これらの基本となるプログラム内蔵方式コンピュータの構成と動作原理について解説する。

1.1　コンピュータの基本構成

1.1.1　プログラム内蔵方式

　現在使われているほとんどのコンピュータは，**プログラム内蔵**（stored program）**方式**と呼ばれるコンピュータである。プログラム内蔵方式の概念は，アメリカの数学者ノイマン（J. Von Neumann）により，1945年に「First Draft of a Report on the EDVAC」として発表された。そのためプログラム内蔵方式のコンピュータはノイマン型コンピュータとも呼ばれている。

　以下にプログラム内蔵方式コンピュータのおもな特徴を示す。

① プログラムやデータは，記憶装置に格納され，アドレスによって指定されてアクセスされる。

② 記憶装置に格納された命令は，**プログラムカウンタ**（**PC**：program counter）によって逐次的に指定され，実行がなされる。プログラムカウンタはプログラムレジスタと呼ばれることもある。

1.1.2 コンピュータの基本構成

図 1.1 にコンピュータの基本構成を示す。

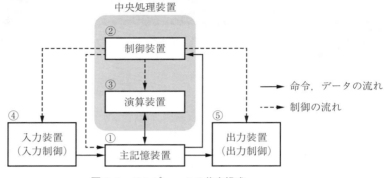

図 1.1 コンピュータの基本構成

① **主記憶装置**（main memory unit）

　プログラムやデータを格納する。ハードディスクや CD 等の外部記憶装置（入出力装置）に保存されたプログラムは，必要に応じて主記憶装置に転送される。実行時には，主記憶装置に格納されている命令が呼び出される。

② **制御装置**（control unit）

　主記憶装置から呼び出した命令を解読して，各装置を制御する。

③ **演算装置**（arithmetic unit）

　解読された命令に従って，算術演算や論理演算を行う。制御装置と演算装置をあわせて**中央処理装置**（**CPU**：central processing unit）と呼ぶ。

④ **入力装置**（input unit）

　プログラムやデータの入力を行う。

⑤ **出力装置**（output unit）

　演算結果などのデータを出力する。

1.2 コンピュータの動作原理

1.2.1 CPU とメモリ構成

図 1.2 に CPU とメモリの基本概念図を示す。

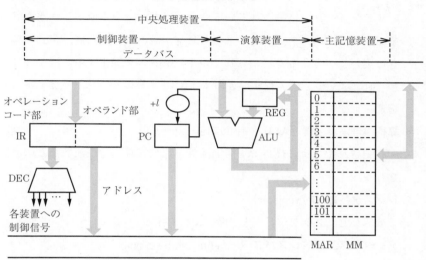

図 1.2 CPU とメモリの基本概念図

① **メインメモリ**（**MM**：main memory）

　アドレスで指定された記憶位置に対して，命令やデータの書き込みや読み出しを行う。

② **メモリアドレスレジスタ**（**MAR**：memory address register）

　メインメモリへアクセスするためのアドレスを一時的に格納する。

③ **命令レジスタ**（**IR**：instruction register）

　メインメモリから読み出した命令を一時的に格納する。処理の内容を示すオペレーションコード部と処理の対象を示すオペランド部によって構成される。

④ **デコーダ**（**DEC**：decoder）

　デコーダとは符号化されたデータ（信号）を復号化して元に戻す回路

である。**命令デコーダ**（instruction decoder）は命令を解読し，各装置への制御信号の発生に加えて，プログラムやデータにアクセスするためのアドレスを生成する。

⑤ **プログラムカウンタ**（**PC**：program counter）

メインメモリに格納されている命令のアドレスを生成する。逐次実行を実現するため，メインメモリから命令が読み出された後，自動的につぎに実行すべき命令が格納されているアドレスを発生する。図 1.2 に示す "$+l$" は，つぎに実行すべき命令までのアドレスの長さを加えることを意味している。

⑥ **算術論理演算装置**（**ALU**：arithmetic-logic unit）

解読された命令に従って，四則演算，比較演算，論理演算などの演算を行う。

⑦ **レジスタ**（**REG**：register）

演算などに必要なデータを一時的に格納する。

⑧ **データバス，アドレスバス**（data bus, address bus）

図 1.2 において，データバスには，MM，REG，ALU，IR が接続され，アドレスバスには，MAR，PC，IR のオペランド部が接続されている。このように複数の要素（回路）が共通に扱う信号線の束をバス（バスライン）という。

1.2.2 命 令 の 実 行

表 1.1 にプログラム例を示す。これは，メインメモリ（MM）の 100 番地より読み出したデータをインクリメント（+1）して，101 番地に格納するものである。命令 1，命令 3 は 3 バイトで構成され，命令 2 は 1 バイトで構成されるものとする。ここで，命令を構成するために必要なメモリ容量（バイト数）を，各命令の命令長と呼ぶ。以下，図 1.3 ～ 1.8 を用いて，命令の実行の流れを説明する。

表 1.1 プログラム例

命令番号	MM 格納番地	命令長 （バイト）	命 令	処理内容
1	0 ～ 2	3	LD REG, (100)	MM の 100 番地のデータをレジスタ （REG）に転送せよ
2	3	1	INC REG	REG のデータを +1 せよ
3	4 ～ 6	3	ST REG, (101)	REG のデータを MM の 101 番地に転送せよ

〔1〕 命令1の読み込み（図1.3）

プログラムカウンタ（PC）の初期値を0とする。このとき，MM の0番地，1番地，2番地の内容，すなわち3バイト分の命令1が，命令レジスタ（IR）に読み込まれる。それと同時に PC はつぎの命令の読み込みに備えて3加算（+命令長）される。

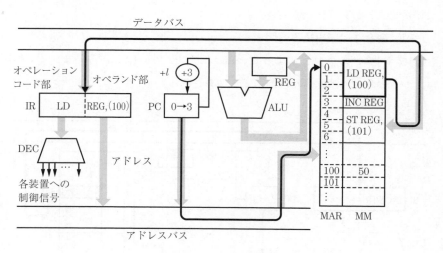

図 1.3 命令1の読み込み

〔2〕 命令1の解読，実行（図1.4）

IR に格納された命令1がデコーダ（DEC）で解読され，各装置に制御信号を送ると同時に，命令1のアドレス100がメモリアドレスレジスタ（MAR）へ送られる。この結果，命令1「MM の100番地のデータ（例：50）を REG

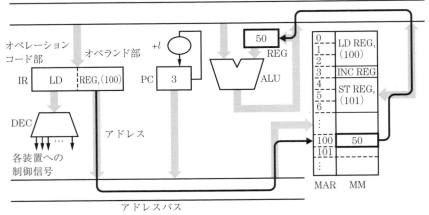

図 1.4　命令 1 の解読，実行

に転送せよ」が実行される。

〔3〕　命令 2 の読み込み（図 1.5）

PC アドレス（3 番地）によって，MM より命令 2 が IR に読み込まれる。PC
は，つぎの命令の読み込みに備えて 1 加算される。

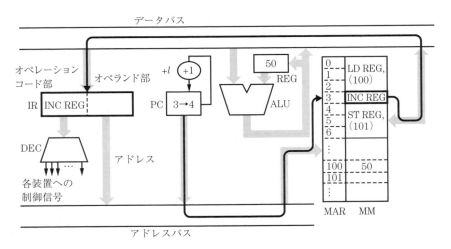

図 1.5　命令 2 の読み込み

〔4〕 **命令2の解読，実行（図1.6）**

IR に格納された命令2が DEC で解読され，各装置に制御信号が送られる。この結果，算術論理演算装置（ALU）によってレジスタ（REG）の内容がインクリメント（+1）される。

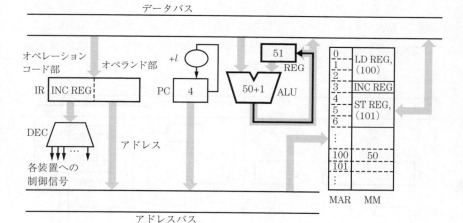

図1.6 命令2の解読，実行

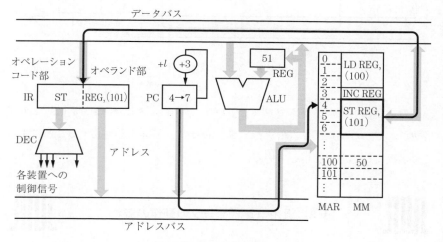

図1.7 命令3の読み込み

〔**5**〕 **命令3の読み込み（図1.7）**

PCで指定されたアドレス4番地より3バイト分の命令3がIRに読み込まれる。PCはつぎの命令の読み込みに備えて，3加算される。

〔**6**〕 **命令3の解読，実行（図1.8）**

IRに格納された命令3がDECで解読され，各装置に制御信号が送られると同時に，命令3のオペランド部に含まれるアドレス101がMARに送られる。この結果，命令3「REGのデータをMMの101番地に転送せよ」が実行される。

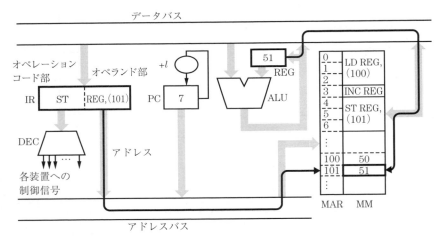

図1.8 命令3の解読，実行

このように，プログラムカウンタ（PC）がメインメモリ（MM）に対して，格納されているプログラムの実行すべき命令のアドレスを生成することによって，逐次実行処理を実現している。

 1.3 汎用コンピュータの動作の流れ

コンピュータは，専用コンピュータと汎用コンピュータとに大別される。身近なものとしては，家電製品や自動車などに組み込まれ用途が定められて使わ

れるものが専用コンピュータ，パソコンやサーバなど用途が限定されず使い方がユーザに委ねられているものが汎用コンピュータに分類される。ここでは，一般的なパソコンを例に挙げて，その動作の流れを解説する。

図 **1.9** にデスクトップ型パソコンの内部構成を示す。構成要素として，① 電源ユニット，② マザーボード，③ ハードディスクドライブ，④ DVD ドライブ，が確認できる。

図1.9　パソコンの内部構成

① **電源ユニット**（power supply unit）

　　電源ユニットでは，家庭用交流 100 V をパソコン内部機器で使用する直流 12 V，5 V，3.3 V などに変換する。

② **マザーボード**（motherboard）

　　マザーボードは，パソコンの中心となるボードであり，CPU とメインメモリのほか周辺回路の LSI などが装着される。入出力装置や補助記憶装置等は，マザーボード経由で CPU に制御される。

③ **ハードディスクドライブ**（hard disk drive）

　　ハードディスクドライブは，機械式の磁気ディスク装置であり，補助記憶装置として，Windows や mac OS や Linux などの**オペレーティングシステム**（**OS**：operating system）が格納される。また，各種アプリケーションやファイル，音声データ，画像データなどのデータも保存される。近年では，ハードディスクドライブの代わりに半導体メモリで構成される低消費電力で高速の **SSD**（solid state drive）が多く使われている。

④ **DVD ドライブ**（DVD drive）

　　DVD ドライブを使用してアプリケーションやプログラムを読み込み，ハードディスクへインストールする。また，バックアップデータ等のDVD への読み書きに利用する。

　図 1.10 にマザーボードの外観を示す。マザーボードには，⑤ CPU，⑥ メインメモリ，⑦ BIOS ROM，⑧ チップセット，が装着されている。

⑤ **CPU**

　　動作中の CPU は非常に高温になるので，誤動作や破損を防ぐために

図 1.10　パソコンのマザーボード

（a）　ファン側　　　　　　　　（b）　マザーボード側

図 1.11　CPU の外観

ヒートシンク（放熱板）とファンを使って放熱を行う。**図 1.11** に CPU
の外観を示す。

⑥ **メインメモリ**

　パソコンのメインメモリには，複数の IC メモリで構成される **DIMM**
（dual inline memory module）規格のメモリモジュールが用いられる。

⑦ **BIOS**（basic input/output system）**ROM**

　BIOS とは，マザーボード上の ROM やフラッシュメモリなどに格納さ
れたプログラムのことであり，パソコンの起動時には，まずこのプログ
ラムが CPU に読み込まれ，実行される。BIOS の画面を**図 1.12** に示す。
BIOS によってマザーボードや接続されているハードウェアの初期化が行
われた後，ブートローダと呼ばれるプログラムによって補助記憶装置よ
り OS がメインメモリに読み込まれ，実行される。OS はパソコンの
CPU，メインメモリ，周辺機器等ハードウェアの設定や管理を行うとと
もに，プログラムの実行や，データやネットワークの管理を行う。アプ
リケーションは，これらパソコンにおける共通の仕事を OS に任せて動作
している。

⑧ **チップセット**（chipset）

　マザーボード上の回路や周辺機器を制御するための機能をまとめて LSI

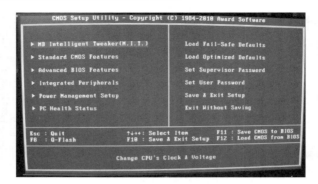

（a） セットアップ画面

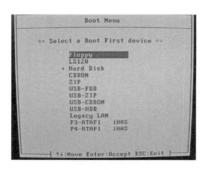

（b） ブートメニュー

図1.12 BIOS の画面

化したものをチップセットという。HDMI や DVI などのグラフィックス
機能，SATA や IDE などの補助記憶装置とのインタフェース，USB など
の通信ポート，グラフィックボードなどの拡張ボードを実装するための
PCI Express サポートなど，多くのパソコンの機能を担っている。

演 習 問 題†

1　コンピュータを構成する以下の要素の働きについて説明しなさい。
　（ a ）　命令レジスタ　　　　　　（ b ）　命令デコーダ
　（ c ）　プログラムカウンタ　　　（ d ）　算術論理演算装置
　（ e ）　レジスタ　　　　　　　　（ f ）　メモリアドレスレジスタ
　（ g ）　メインメモリ

2　プログラム内蔵方式のコンピュータの特徴について説明しなさい。

3　バスラインの役割について説明しなさい。

4　メインメモリにおけるアドレスの役割を説明しなさい。

5　命令長について説明しなさい。

6　パソコンに電源を投入してからアプリケーションの実行がなされるまでの動作について，以下の項目を時系列に並べなさい。
　（ a ）　ブートローダの起動　　　（ b ）　BIOS が起動
　（ c ）　基本ハードウェアの初期化　（ d ）　メインメモリに OS を読み込む
　（ e ）　OS の起動　　　　　　　（ f ）　周辺機器の設定
　（ g ）　アプリケーションの起動　（ h ）　アプリケーションをメインメモリ
　　　　　　　　　　　　　　　　　　　　　に読み込む

7　自分のパソコンに使われている CPU を調べ，メーカ，型番，発売時期，最大動作クロック周波数について示しなさい。

---

† 　各章演習問題の解答は，コロナ社 Web サイト（https://www.coronasha.co.jp/np/isbn/9784339029406/）にて公開。

2

マイクロプロセッサとメインメモリ

　マイクロプロセッサは，CPU を LSI で構成したものである。1971 年に世界初のマイクロプロセッサとして，米インテル社より i4004 が発表された。i4004 には約 2 300 個のトランジスタが集積されていた。マイクロプロセッサに集積できるトランジスタ数は，半導体の集積技術の発展とともに増加し，現在では数千万 〜 数百億のトランジスタを集積する高性能・高機能なものが作られている。LSI で構成されるメインメモリも同様に集積度が上がり，高速・大容量化が進んでいる。本章では，パソコンで使われているマイクロプロセッサとメインメモリを中心として解説を行う。

2.1　マイクロプロセッサ

2.1.1　マイクロプロセッサの分類

　一般的に，**マイクロプロセッサ**（マイクロプロセッサユニット，**MPU**：micro processing unit）は命令形態，演算桁数，利用形態によって分類される。

〔1〕　命令形態による分類

　基本命令の構成より，CISC と RISC に分類される。**CISC**（complex instruction set computer）では，ビジネス用やマルチメディア用などの用途に応じた命令を盛り込み，一つの命令で多くの処理を行う複合化命令を備える。**図 2.1**に示すように，命令によってその命令長や必要クロック数が異なり，構造が複雑になるため，最大動作クロック数を上げにくい面がある。

　RISC（reduced instruction set computer）では，**図 2.2**に示すように基本的に命令長は一定であり，1 クロックで 1 命令を実行する。構造的に最大動作周波数を上げやすい反面，複雑な処理はいくつかの命令を組み合わせて実行す

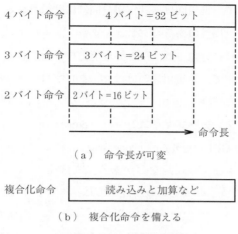

（a）　命令長が可変

（b）　複合化命令を備える

図2.1　CISC の命令形態

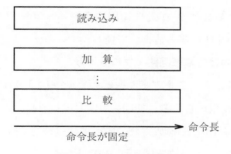

図2.2　RISC の命令形態

るため，CISC 以上に最大動作周波数を上げる必要がある。

〔2〕　**演算桁数による分類**

演算装置の演算桁数によって，4 ビット MPU，32 ビット MPU，64 ビット MPU などと分類される。このビット数は，MPU が一度に演算できる 2 進数の桁数であり，演算処理能力の一つの目安となっている。

〔3〕　**利用形態による分類**

社会のコンピュータへの要求の多様化に対して，用途ごとに機能や処理を付加した多種のマイクロプロセッサが作られている。マイクロプロセッサは，利

用形態の面によって，汎用向けと特定用途向けに分類される。

パソコンなどの汎用性のあるコンピュータシステムに用いられるマイクロプロセッサは汎用向けに分類され，演算処理能力の向上を目的として発展を続けている。これに対して，特定用途向けのマイクロプロセッサの例としては，家電製品や自動車の制御用に，CPU，メインメモリ，入出力装置などを一つのLSI に組み込んだ**ワンチップマイコン**（one-chip microcomputer）や画像処理用のプロセッサの **GPU**（graphics processing unit），ディジタル信号処理用の**DSP**（digital signal processor）などがある。高機能パソコンでは，GPU も性能を決める主要部品となっている。近年では，スマートフォンやデータセンター，自動運転車などで CPU とあわせて用いられる，画像処理・AI などの特定分野向けプロセッサの開発・利用も進んでいる。これらのプロセッサは**DSA**（domain specific architecture）と呼ばれている。スマートフォンでは，ディープラーニングなどの AI 処理に用いられるニューラルネット用のプロセッサユニットが CPU に組み込まれて使われている。

〔4〕 特定用途向けの集積回路・プロセッサ

汎用の CPU 以外にも，さまざまな機器の制御や信号処理用に専用の機能に特化した集積回路が用いられる。初期のコンピュータは，命令を記憶するメモリと命令を実行する CPU で構成され，すべての処理を CPU で行っていた。現在では CPU のみですべての処理を行うのではなく，別の集積回路と連携して高速に処理が行われる仕組みになっている。事務機器や家電製品などでは，汎用の CPU・マイクロコンピュータが用いられる場合もあるが，特定の処理を高速に行うためのデバイスが用いられることもある。これらには市販の LSI，ASIC と呼ばれる専用 IC，機能を書き込み可能な FPGA が使用される。

ASIC（application specific IC）は，必要とする特定の論理機能などを実装した IC のことで，速度・面積・消費電力などの最適化された IC が製造できる反面，専用品となるため設計・製造コストが高いという欠点もある。一方，本書で用いた FPGA は汎用品でありながら任意の機能を持たせることができるが，実現可能な回路規模や性能には制限がある。

2.1.2 マイクロプロセッサの基本構成

図 **2.3** にマイクロプロセッサの基本システムを示す。メインメモリでは，アドレスによって格納位置が指定され，命令やデータの読み書き（**アクセス**：access）が行われる。CPU はメインメモリに対して，**アドレスバス**を介してアドレスを指定し，**データバス**を介してデータへのアクセスを行う。アドレスバスとデータバスは，各要素によって共通に使用されるアドレス信号線，およびデータ信号線の集まりである。また，**I/O**（input/output）は入出力の略で，マイクロプロセッサは I/O を通して外部とのデータの送受信を行う。マイクロプロセッサからデータを送ることを**出力**（output），マイクロプロセッサがデータを受け取ることを**入力**（input）という。I/O の制御方式として，直接制御方式と間接制御方式がある。

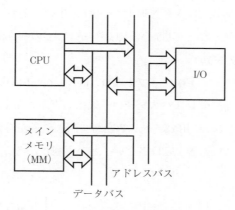

図 2.3 マイクロプロセッサの基本システム

2.1.3 直接制御方式

入出力の制御方式として，直接制御方式がある。直接制御方式では，CPUが直接入出力を制御する。

〔1〕 **メモリマップト I/O**

図 **2.4** に示すように，**メモリマップト I/O**（memory mapped I/O）方式ではメインメモリのアドレス領域の一部を I/O に割り振り，メモリ操作命令によっ

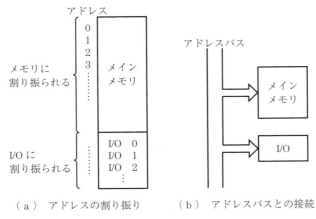

（ a ）　アドレスの割り振り　　　（ b ）　アドレスバスとの接続

図2.4　メモリマップ I/O

てメインメモリと同様に I/O を制御する。I/O 専用のアドレス信号を必要とし
ない，メモリアクセス命令で I/O を制御できる，などの利点がある。

〔2〕　**I/O マップ I/O**

図2.5 に示すように，**I/O マップ I/O**（I/O mapped I/O）方式ではメイン
メモリとは独立したアドレスバスを使い，入出力専用の命令を用いて I/O を制
御する。そのため，I/O 専用のアドレス回路や制御信号が必要となるが，メイ
ンメモリのアドレスに影響を及ぼさない，という利点がある。

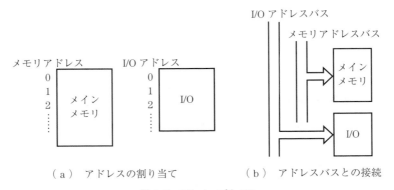

（ a ）　アドレスの割り当て　　　（ b ）　アドレスバスとの接続

図2.5　I/O マップ I/O

　これらの直接制御方式では，CPU が直接 I/O を制御するため，I/O 処理の時間待ちの間につぎの処理に移れない，という欠点がある。このため，組み込みコンピュータなど，入出力量の少ない小規模なシステムに用いられる。

2.1.4　間接制御方式

　間接制御方式は，直接制御方式における CPU を専有するなどの欠点を解消するために，間接的に I/O を制御する方式である。

〔1〕　入出力制御装置やチャネルによる制御

　この方式では，**入出力制御装置**（**IOP**：input output processor）と呼ばれる LSI を経由して，間接的に制御信号とデータの受け渡しを行う（**図 2.6**）。

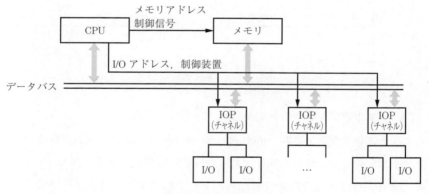

図 2.6　間接制御方式

　I/O の制御は，IOP が CPU に代わって請け負う。したがって，CPU は IOP に対して処理内容を指示した後，つぎの命令の処理に移行できる。すなわち，IOP が入出力処理を行っている間に，CPU はほかの処理を実行できるので，処理効率が高くなるという利点がある。

　パソコンでは，IOP がチップセットと呼ばれる LSI に組み込まれて使われる。また，大型の汎用コンピュータでは，入出力制御装置に**チャネル**（channel）と呼ばれる入出力用のハードウェアが使用される。I/O に対するチャネルの制御方式には，セレクタチャネル方式とマルチプレクサ方式がある。

（a） セレクタチャネル

セレクタチャネル（selector channel）方式は，**図2.7**（a）のように1台の周辺装置が入出力動作の開始から終了まで，チャネルを占有する方式である。この転送方式を**バーストモード**（burst mode）という。セレクタチャネル方式は，ハードディスクなどのデータの転送速度が速い周辺装置に対して用いられている。

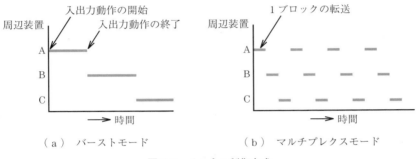

（a） バーストモード   （b） マルチプレクスモード

図2.7 チャネル制御方式

（b） マルチプレクサチャネル

マルチプレクサチャネル（multiplexer channel）方式は，複数の周辺装置がチャネルを共有し，時分割的に交互に動作させる方式である。図2.7（b）では，A，B，Cの3台の周辺装置からのデータ転送を1ブロック単位で交互に行う。この転送方式を**マルチプレクスモード**（multiplex mode）という。マルチプレクサチャネル方式は，データ転送が遅い周辺装置に対して用いられる。

〔2〕 **DMA**

DMA（direct memory access）は，I/Oとメモリとのデータ転送を直接行う制御方式である。DMAでは，DMAコントローラと呼ばれる制御装置によって，データ転送が制御される。

2.2 マイクロプロセッサの特性の尺度

マイクロプロセッサは，その品種ごとに，機能，処理能力，電気的特性など
の諸特性が異なる。おもな特性を以下に示す。

〔1〕 動 作 周 波 数

マイクロプロセッサを構成する回路は，動作クロックと呼ばれるパルス信号
に同期して動作している（**図 2.8**）。構成が同じマイクロプロセッサの場合，
動作クロックの周波数が高いほど処理能力は高くなる。動作クロック 1 回分を
1 ステート（state），または **1 サイクル**（cycle）という。1 ステートの時間を
T〔s〕，動作周波数を ϕ〔Hz〕とすると，T と ϕ には，つぎの関係がある。

$$T = \frac{1}{\phi}, \qquad \phi = \frac{1}{T}$$

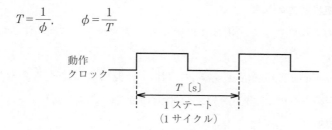

図 2.8 動作クロック

例えば，クロックの動作周波数が 20 MHz の場合，1 ステートの時間は以下
に求まる。

$$T = \frac{1}{\phi} = \frac{1}{20 \times 10^6} = 50 \times 10^{-9} = 50 \text{ ns}$$

〔2〕 命 令 実 行 時 間

CISC のマイクロプロセッサでは，命令の実行に必要な動作クロック数（実
行時間）は命令ごとに異なる。例えば，動作周波数が 20 MHz，2 クロックで 1
命令を実行する場合の命令実行時間は，つぎのように求まる。

　動作周波数 $\phi = 20$ MHz

➡　1 ステート時間 $T = \dfrac{1}{\phi} = 50$ ns

➡ 1命令の実行には2ステート必要なので

命令実行時間 $= 2T = 2 \times 50 = 100$ ns

〔3〕 **CPI**

マイクロプロセッサが1命令当りに使用する平均クロック数を **CPI**（cycles per instruction）と呼ぶ。例えば，100個の命令を備えたマイクロプロセッサにおいて，1クロックで実行される命令数が20個，2クロックで実行される命令数が30個，3クロックで実行される命令数が50個である場合，CPIは次式で求まる。

$$\mathrm{CPI} = \frac{(1 \times 20) + (2 \times 30) + (3 \times 50)}{100} = 2.3$$

〔4〕 **演算処理能力の尺度**

演算処理能力の尺度として，MIPS, FLOPS, ベンチマークテストが使われる。

（**a**） **MIPS**

MIPS（million instructions per second）は，1秒間に実行できる命令数を100万単位で定めたもので，1 MIPS は，100万命令/秒を意味する。

（**b**） **FLOPS**

FLOPS（floating-point operations per second）は，1秒間に実行できる浮動小数点演算数を定める。

（**c**） ベンチマークテスト

コンピュータを実際に動作させて CPU や構成要素の性能を測定するためのソフトウェアをベンチマークソフト，ベンチマークソフトを使った評価を**ベンチマークテスト**（benchmark test）と呼ぶ。異なる形式のパソコンや CPU の性能比較に用いられるが，そのスコアはコンパイラやメモリ等のシステム構成条件にも左右される点を考慮する必要がある。

〔5〕 **アドレス空間**

マイクロプロセッサが直接扱うことのできるメモリ容量の上限は，アドレス線の本数によって決定される。アドレス戦の本数を n とすると，扱えるアドレス数は 2^n 種類で，その範囲は $0 \sim 2^n - 1$ となる。例えば，アドレス線が16

本の場合は，$2^n = 2^{16} = 65\,536$ であり，$0 \sim 65\,535$ 番地までのアドレス空間を扱うことができる。**図 2.9** の例は，アドレス線が 4 本から 5 本へ 1 本増えることによって，扱うことができるメモリ容量が 2 倍になることを示したものである。

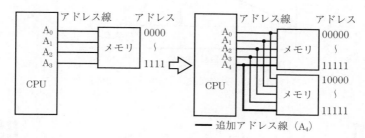

図 2.9　アドレス線を 1 本追加する

〔6〕　演 算 の 種 類

マイクロプロセッサが扱える演算命令は，そのデータシートの命令一覧に示されている。おもな演算命令として，加算，減算，乗算，除算，論理演算，比較演算，シフト演算などがある。また，備える演算命令によって処理能力は異なる。例えば，乗算命令を備えていないマイクロプロセッサで乗算を行う場合，加算命令やシフト演算命令などを組み合わせて実現するため，多くのステート数が必要となる。

〔7〕　消 費 電 力

バッテリなどで動作するモバイル型のコンピュータでは，マイクロプロセッサの消費電力を抑えることが必要となる。消費電力は，**図 2.10** に示すように，動作時の消費電力と待機中の消費電力（待機電力）に区別される。中・低速動作モードを備えるマイクロプロセッサでは，内部的に動作周波数を変化させて消費電力を制御している。さらに，周波数に加えて電源電圧の制御も行う **DVFS**（dynamic voltage and frequency scaling）機能を備えた CPU も用いられている。一般的に，消費電力は電源電圧の 2 乗に比例するため，要求される処理性能を満たす範囲で電源電圧を下げて周波数を調整することで，動作時の消費電力が低減される。

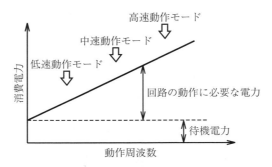

図2.10　動作周波数と消費電力の関係

2.3　メ　モ　リ

2.3.1　記　憶　階　層

コンピュータシステムにおいて，記憶装置は，アクセスが速く大容量の記憶を行えることが望まれる。しかし記憶装置は，一般的に高速になるほどビット単価が高くなるため，コストの面からすべて高速のもので構成することは困難である。

そこで，コンピュータシステムにおいては，**図2.11**に示すように記憶部が階層的に構成されている。これを記憶階層という。

記憶階層中で最も高速な記憶部は，CPU内のレジスタである。レジスタは，

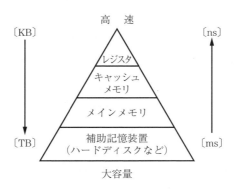

図2.11　記憶階層

Dフリップフロップなどの論理回路で構成される。高速であるが記憶容量が少ないため,演算等で使われるデータを一時的に格納する用途で用いられる。

メインメモリは,半導体メモリで構成され,パソコンなどの一般的なコンピュータではDRAM(2.3.4項〔2〕)が用いられる。

キャッシュメモリは,CPUとメインメモリとの速度差を緩衝する目的で使われ,メインメモリより高速なメモリで構成される。通常は高速SRAM(2.3.4項〔2〕)が用いられる。

コンピュータのOSやアプリケーションプログラムなどは膨大なデータ量となるため,ハードディスクやSSDなどの補助記憶装置に格納され,必要に応じてメインメモリに呼び出されて使用される。

2.3.2 メモリの基本構成

図**2.12**にメモリの基本構成を示す。データは,メモリセルと呼ばれる記憶部に格納され,格納可能な最大記憶容量によって,8 GBメモリ,16 GBメモリなどと呼ばれる。メモリセル部のデータの格納位置は,アドレスで指定され,デコーダはアドレスの入力を受けて,アドレスに対応するメモリセルを指定する。データの読み書きは,データ入出力を用いて行う。一般的には,入力信号と出力信号を同一のデータ線で扱うI/Oバスライン方式が用いられる。I/

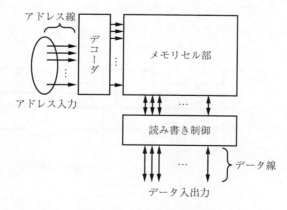

図**2.12** メモリの基本構成

O バスライン方式はデータ線の本数を節約できるという利点があるが，入力と出力の切り替え回路やタイミングの考慮を必要とする。I/O のデータ線の本数によって，8I/O，16I/O などと呼ばれる。

2.3.3　メモリの特性

メモリのおもな特性には，記憶容量，動作時間，消費電流などの要素がある。

〔1〕　記　憶　容　量

記憶容量は記憶可能な最大データ量を示し，単位には 8 ビットを 1 バイトとするバイト（B）が用いられ，通常は KB，MG，GB，TB などで示される。アドレスが 2 進数で表されるため，記憶容量は 2 の乗数を基本とする。例えば，アドレス線が 16 で 32I/O の場合は，2^{16} 通りの記憶位置に対してそれぞれ 32 ビットのデータが格納されるので，$2^{16} \times 32$ ビット $= 2^{16} \times 32 \div 8 = 2^{16} \times 4$ B の記憶容量を有する。コンピュータの記憶要素の場合，一般的に $2^{10} = 1\,024$ を 1 K として表現するので，$2^{16} \times 4$ B は $2^{16} \times 4 \div 2^{10} = 2^{6} \times 4$ KB $= 256$ KB と表現される。

〔2〕　動　作　時　間

メモリと CPU との間でデータを読み書きする時間を動作時間といい，動作の速さを示す尺度として**アクセスタイム**（access time）と**サイクルタイム**（cycle time）が用いられる（**図 2.13**）。アクセスタイムは，メモリに読み書きの指示を与えてから動作が完了するまでの時間をいう。サイクルタイムは，読み出し（書き込み）動作を連続して行える時間を意味する。最小サイクルタイム

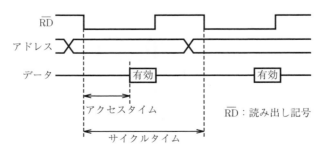

図 2.13　アクセスタイムとサイクルタイム

を周波数表示として，最大動作周波数と示す場合もある。

〔3〕 消 費 電 流

メモリの消費電流は，待機電流（DC電流）と動作電流（AC電流）とに分けられる。

待機電流は，メモリの入出力信号を変化させずに，定常的に流れる直流電流値を示す。動作電流は，読み出し時や書き込み時の平均電流値やピーク電流値を示し，動作モードによって値は異なる。

2.3.4 メモリの分類

メモリは，その読み書きの方式や，記憶部であるメモリセルの構成によって分類される。**図2.14**にメモリの分類を示す。

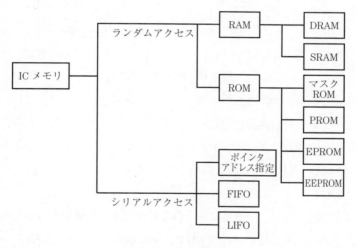

図2.14 メモリの分類

〔1〕 ランダムアクセスとシリアルアクセス

メモリセルのデータにアクセスする方法として，**ランダムアクセス**（random access）と**シリアルアクセス**（serial access）がある。ランダムアクセスでは，アクセスのたびにアドレスを与え，どのアドレスに対しても任意にアクセスすることができる。これに対してシリアルアクセスでは，連続するアドレ

スのデータに順次アクセスする。シリアルアクセスには，もとになるアドレス（ポインタアドレス）を与えた後はアドレスを指定せずに制御信号によって順次アクセスするものや，**FIFO**（first-in first-out）や **LIFO**（last-in first-out）などのアドレスを持たないものなどがある。**図 2.15** に示すように，FIFO は先に書いたデータから順次読み出し，LIFO は後に書いたデータから順次読み出す。

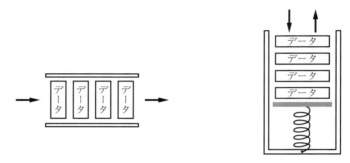

（ a ）　FIFO（先入れ先出し）メモリ　　　（ b ）　LIFO（後入れ先出し）メモリ

図 2.15　FIFO と LIFO

　おもに，ランダムアクセスのメモリはメインメモリ，シリアルアクセスのメモリはデータの一時格納用に使われる。また，データメモリとして用いられるフラッシュメモリ等では，ランダムアクセスとシリアルアクセスを組み合わせたものもある。

〔2〕　**RAM**

　メモリデバイスでは，一般的に読み書き可能なものを **RAM**（random access memory），読み取り専用のものを **ROM**（read only memory）と呼び，RAM はメモリセルの構造によって，DRAM と SRAM に分けられる。**図 2.16** に DRAM のメモリセルの基本構成を示す。

　DRAM（dynamic RAM）のメモリセルは，1 個の MOSFET（図中 Tr）とコンデンサ（図中 C）から構成される。C が記憶素子で，Tr はスイッチの役割をする。記憶は，コンデンサの「充電状態」と「放電状態」を 2 進数の 2 値に割り当てて行う。充電されたコンデンサは時間の経過により放電してしまうの

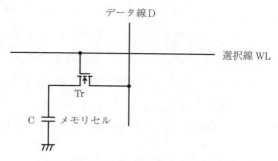

図 2.16 DRAM のメモリセルの基本構成

で，正常な充電状態を保つため，一定時間ごとに**リフレッシュ**（refresh）と呼ばれる内部的再書き込みを行う必要がある。

図 2.16 に示す DRAM のメモリセルは，集積度を高めるために数十 fF の容量しかないため，読み出し時はわずかな信号量しか得られない。そのため，**センスアンプ**（sense amplifier）と呼ばれる微弱信号増幅回路を用いて，ディジタル信号として必要な電圧値に増幅する。**図 2.17** に，一連の増幅の流れを示す。選択線 WL の立ち上がりで選択されたメモリセルの情報がデータ線 D に伝達され，その後に制御信号 SE のタイミングでセンスアンプにより増幅されている。

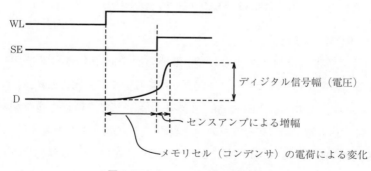

図 2.17 センスアンプによる増幅

DRAM は，SRAM に比べてアクセスタイムは遅いが，メモリセルの構造が単純で，ビット当りの単価が安いため，大容量を必要とするメインメモリに用いられる。

一方，**SRAM**（static RAM）のメモリセルは，**図2.18**のように1ビット当り1個のフリップフロップで構成される。抵抗（R_1, R_2），MOSFET（Tr_1, Tr_2）で構成されるフリップフロップにより，データを記憶する。例えば，図の節点aがHレベルの場合，Tr_1がON状態となり，節点bはLレベルとなる。このため，Tr_2はOFF状態となり，節点aはHレベルを保持する。Tr_3とTr_4は読み書き時のスイッチであり，選択線WLの電圧によって制御される。

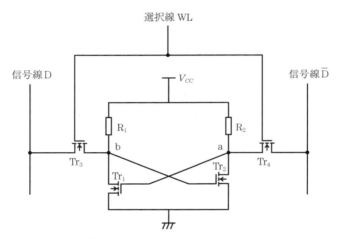

図2.18　SRAMのメモリセルの構成

〔3〕 ROM

ROMは読み取り専用メモリであり，**不揮発性**（nonvolatile）メモリセルを使用するため，保存されたデータは電源を供給しなくても保持される。マスクROM，PROM，EPROM，EEPROMなどがあり，一部書き換え可能なものもあるが，書き込み時に制限があるため，一般的にはROMと呼ばれる。

　マスクROM（mask ROM）は，その製造工程において，あらかじめデータを作りこんでおくもので，ユーザがデータを書き込むことはできない。

　PROM（programmable ROM）は，ユーザが**ROM書き込み装置**（ROM writer）を使ってデータを書き込むことができる。一度しか書き込むことができないことから，ワンタイムROMとも呼ばれる。

　EPROM（erasable PROM）は，データの消去が可能な PROM であり，ユーザがデータを書き換えて繰り返し使用できるものである。一般的に，ガラスの窓から紫外線を当てることによってデータを消去するものを EPROM と呼び，電気的にデータを消去するものを **EEPROM**（electrically EPROM）と呼ぶ。代表的な EEPROM に**フラッシュメモリ**（flash memory）がある。フラッシュメモリで構成した補助記憶装置として，**SSD**，USB メモリ，SD カードなどがある。

演　習　問　題

1　CISC と RISC を比較して，それぞれの特徴について説明しなさい。

2　16 ビットのアドレスで表現可能なアドレスの範囲を 10 進数で答えなさい。

3　4 GHz の動作クロックを使用する CPU のサイクルタイムを求めなさい。

4　平均命令時間が 2 ns の CPU の MIPS 値を求めなさい。

5　つぎの表に示す命令構成のマイコンの CPI を求めなさい。

命令の実行に必要なクロック数	1	2	3	4	5
該当命令数	2	12	10	8	2

6　32 ビットのアドレスで 16 ビットのデータ幅を持つメインメモリの容量は何 B か答えなさい。ただし，2^{10} の 1 024 を 1 K として表現しなさい。

7　DRAM と SRAM のメモリセルについて，データの記憶原理を説明しなさい。

8　SRAM に比べて DRAM のアクセス速度が遅い理由について説明しなさい。

9　入出力の制御方式であるメモリマップト I/O 方式と I/O マップト I/O 方式を比較して，それぞれの利点について説明しなさい。

10　入出力処理における IOP の役割と IOP を用いる利点について説明しなさい。

11　近年のパソコンのマザーボードに実装されているチップセットの LSI を調べ，その役割（機能）について表にまとめなさい。

コンピュータの表現と実装

　コンピュータはスイッチング回路（ディジタル回路・論理回路）で構成される。現在，スイッチとしてはおもに半導体素子であるトランジスタが用いられている。

　コンピュータでは，データ，命令をともに2進符号で表現し，メモリから逐次読み出して処理が行われる。また，命令・データを順序に従って処理するために，内部状態を持つが，その状態も2進符号で表現される。

　本章では，2進符号による各種データの表現と，コンピュータの動作を表すステートマシンについて述べる。また，コンピュータの実装法と本書で用いるFPGAについての概要を述べる。

 ## 3.1　論理と電気的特性

3.1.1　ビットとバイト

2進符号は，0と1の二つの符号の順列でデータを表現するものである。

1桁の2進数字（0,1），またはそれに相当するデータ量のことを**ビット**（bit）と呼ぶ。1ビットで表現される情報として，論理値（「真」か「偽」か），オンかオフか，午前か午後か，などが挙げられる。

2ビットの2進符号を用いると，{00,01,10,11} の4通りの表現が可能となる。4ビットの2進符号では，$2^4 = 16$ 通りの表現が可能となる。

加えて，パソコンの記憶容量や通信速度の単位には**バイト**（byte）がよく用いられる。1バイトは8ビットであるため，1バイトの符号により，$2^8 = 256$ 通りの表現が可能である。

3.1.2 文字の表現

コンピュータでは文字も2進符号で表される。

キーボードで用いられる英数字記号は1バイトで表現可能である。**表3.1**は，文字表記で用いられる ASCII コード表であり，16進表記に対応する文字が表で表されている。1バイトは16進で2桁表記となり，表3.1の各行が上位桁の4ビット，各列が下位桁の4ビットに対応する。例として，上位桁が「4」，下位桁が「1」の符号（2進表記で01000001）に対しては，文字「A」が割り当てられている。

表3.1　ASCII コード

		下位4ビット														
		0	1	2	3	4	5	6	7	8	9	A	B	C	D	E	F
上位4ビット	2		!	"	#	$	%	&	'	(	)	*	+	,	-	.	/
	3	0	1	2	3	4	5	6	7	8	9	:	;	<	=	>	?
	4	@	A	B	C	D	E	F	G	H	I	J	K	L	M	N	O
	5	P	Q	R	S	T	U	V	W	X	Y	Z	[	\	]	^	_
	6	`	a	b	c	d	e	f	g	h	i	j	k	l	m	n	o
	7	p	q	r	s	t	u	v	w	x	y	z	{			}	~	

10進数の数を1桁ずつ符号化する表現方式に，**2進化10進コード**（**BCD**：binary coded decimal）がある。BCD では，10進で用いる {0,1,2,…,9} を4ビットの2進数で表し，10進数の桁ごとに4ビットを用いて表現する。1バイトで2桁の10進数が表現できる。

3.1.3 数値の表現

数値の2進表現としては，一般的には各桁の重みが2の累乗で増えていく2進数表記が用いられる。2進符号の各ビットのうち，最上位ビットのことを**MSB**（most significant bit），最下位ビットのことを**LSB**（least significant bit）と呼ぶ。複数ビットの記号表現としては，本書では Verilog HDL での表記を用いる。この表記では，変数 X が n ビットの2進符号であることを $X[n-1:0]$

と表す。最上位ビット MSB が $X[n-1]$ であり，順に $X[n-2],...,X[1]$ と各桁のビットが表され，最下位ビット LSB の値は $X[0]$ となる。X の数値は，$X = \sum_{i=0}^{n-1} X[i] \times 2^i$ で求められる。

2進数表記は，桁の多い 0,1 のみの表記となるため，人間には読みにくい。したがって，2進の情報を人間が扱う場合には 16 進で表記される場合が多い。16 進数表記では，2進4桁の情報に 0,1,2,...,9,A,B,C,D,E,F の 16 種の文字を**表3.2**のように割り当てて表現する。また，2進から 16 進への変換では，2進数表記を4桁ごとに区切って 16 進数表記に対応させる。この際，下位から4桁ずつ区切ることに注意する。

表3.2　10進−2進−16進対応表

10進	2進	16進	10進	2進	16進
0	0000	0	8	1000	8
1	0001	1	9	1001	9
2	0010	2	10	1010	A
3	0011	3	11	1011	B
4	0100	4	12	1100	C
5	0101	5	13	1101	D
6	0110	6	14	1110	E
7	0111	7	15	1111	F

例えば，10進数 92 を2進数表記すると 1011100 と書き表すことができるが，これを 16 進数に変換する際に4桁ごとに区切ると，上位が 101，下位が 1100 となる。これを 16 進2桁に変換すると，5C となる。誤って上位から4桁とって 1011 と 100 に分けると，16 進数表記は B4 となり，異なる値となるので注

表3.3　10進数 92 のビット表現

$X[7:0]$	MSB $X[7]$	$X[6]$	$X[5]$	$X[4]$	$X[3]$	$X[2]$	$X[1]$	LSB $X[0]$
2進	0	1	0	1	1	1	0	0
16進	5				C			

意が必要である。**表3.3**に10進数92のビット表現について記している。上位桁が4桁に満たない場合には，0を埋めて16進数への変換を行う。

3.1.4 負数の表現

2進符号で負の数を表すには，正負の符号も0,1で表現する必要がある。符号を含めた正負の整数の表現法には，符号絶対値表現，1の補数表現，2の補数表現，バイアス表現などが挙げられる。nビットの2進数では$0 \sim 2^n - 1$の2^n通りの数が表現されるが，正負を含む符号付きの表現法では正の数，負の数にそれぞれ半数の2^{n-1}個ずつとなる。

〔1〕 符号絶対値表現

最上位桁を符号ビットとして，残りの桁に絶対値の2進数表記を用いるのが符号絶対値表現である。正数の符号ビットに0，負数の符号ビットに1を用いる。**表3.4**は4ビットの符号絶対値表現で記述可能な数の一覧である。0については，$+0$と-0，と符号が2種類割り当てられる。

表3.4 符号絶対値表現（4桁の例）

正数 $0 \le d \le 2^{n-1}-1$		負数 $-(2^{n-1}-1) \le d \le 0$	
d	dの2進数表記 X	d	MSB=1，MSB以外の$(n-1)$桁を$\|d\|$の2進数表記 X
$+0$	0000	-0	1000
$+1$	0001	-1	1001
$+2$	0010	-2	1010
$+3$	0011	-3	1011
$+4$	0100	-4	1100
$+5$	0101	-5	1101
$+6$	0110	-6	1110
$+7$	0111	-7	1111

〔2〕 1の補数表現

2進数の各桁の0,1を反転させた値のことを1の補数と呼ぶ。1の補数を用

いる負数の表現は，負数の絶対値を表す2進数の0,1を反転させた表現となる。**表3.5**は4桁の1の補数表現である。符号絶対値表現と同じく，最上位ビットが符号を表し，0が正数，1が負数を表す。n桁の1の補数表現では，0から$2^{n-1}-1$までの正の整数および-0から$-2^{n-1}+1$までの負の整数が表現できる。

表3.5 1の補数表現（4桁の例）

正数 $0 \le d \le 2^{n-1}-1$		負数 $-(2^{n-1}-1) \le d \le 0$	
d	dの2進数表記 X	d	$\lvert d \rvert$の2進数表記を0,1反転 X
$+0$	0000	-0	1111
$+1$	0001	-1	1110
$+2$	0010	-2	1101
$+3$	0011	-3	1100
$+4$	0100	-4	1011
$+5$	0101	-5	1010
$+6$	0110	-6	1001
$+7$	0111	-7	1000

〔3〕 2 の 補 数 表 現

2の補数とは，n桁の2進数xにおいて，2^n-xの値のことである。2の補数表現を用いる負数の表現は，負数$x<0$に対して$2^n-\lvert x \rvert$となる2進数を用いる表現となる。これは，1の補数（絶対値の2進数表記を各桁反転させたもの）に1を加算したものと等しくなる。

n桁の2の補数表現では，-2^{n-1}から$2^{n-1}-1$までの2^n通りの整数値が表現可能であり，1の補数表現，符号絶対値表現よりも表現できる整数値が一つ多い。

表3.6は4桁の2の補数表現である。表3.5の1の補数表現と比べて，負数を表現する2進符号が-1ずつずれている。10進数-8は4桁の1の補数表現に存在しないが，10進数8の2進数表記1000について0,1反転させた0111に1を加算した1000が，10進数-8の2の補数表現となる。

表 3.6 2の補数表現（4桁の例）

正数 $0 \le d \le 2^{n-1}-1$		負数 $-2^{n-1} \le d < 0$	
	d の2進数表記		(1の補数表現)+1
d	X	d	X
+0	0000	-1	1111
+1	0001	-2	1110
+2	0010	-3	1101
+3	0011	-4	1100
+4	0100	-5	1011
+5	0101	-6	1010
+6	0110	-7	1001
+7	0111	-8	1000

〔4〕 バイアス表現

バイアス表現はエクセスコードとも呼ばれる数値表現で，2進符号の半分を負数として使い，数値軸上で 2^{n-1} だけ負側にずらした**表3.7**の表現となる。ほかの表現と異なり，符号を表す最上位ビットが0ならば負数，1ならば正数となる。

表 3.7 バイアス表現（4桁の例）

負数 $-2^{n-1} \le d \le -1$		正数 $0 \le d \le 2^{n-1}-1$	
d	X	d	X
-8	0000	0	1111
-7	0001	1	1110
-6	0010	2	1101
-5	0011	3	1100
-4	0100	4	1011
-3	0101	5	1010
-2	0110	6	1001
-1	0111	7	1000

3.1.5　論　理　電　圧

コンピュータは電子回路として実現されるが，回路において論理値は電圧値に対応させて解釈される。電圧値の高低と，ディジタル値 0,1 の対応には 2 種類あり，高電圧を 1，低電圧を 0 と対応付けするものを正論理，低電圧を 0，高電圧を 1 と対応付けするものを負論理と呼ぶ。電圧の高低の判断は，しきい値を用いて行われる。

信号線の状態として，電源電圧（V_{DD}）付近の電圧値を H（High）論理電圧，0 電圧付近の電圧値を L（Low）論理電圧と呼ぶ。それ以外に，電源，グランド，ほかの信号源と接続されていない信号線の状態をハイインピーダンス（hi-Z）と呼ぶ。

論理ゲート内では，**図 3.1** のように電源，グランドとの接続の有無により，出力の論理電圧が決定される。図 3.1（a）に示すように電源と接続されれば出力が H となり，図 3.1（b）に示すようにグランドと接続されれば出力が L となる。図 3.1（c）に示すいずれにも接続されない場合の出力が，hi-Z と表される。

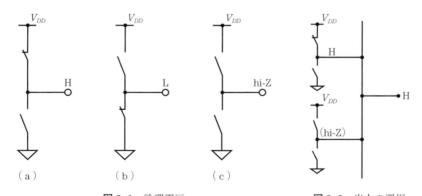

図 3.1　論理電圧　　　　　　　**図 3.2**　出力の選択

ハイインピーダンス出力については，実際には**図 3.2** のように複数ブロックの出力を選択して次段のブロックへ接続する際にも用いられる。図中の例では，上のブロックの出力 H が次段のブロックで用いられる。

3.2　ステートマシンの表現

3.2.1　ステートマシン

コンピュータによる処理は命令の系列で定義される手順に従って実行される。命令の読み出し，処理対象データの読み出し・格納，処理結果の書き出し，結果に応じた次処理の選択，などを順序に従って行うには，現在の処理がどこまで進行したかを記憶し，それに従い処理を進める必要がある。状態を記憶する回路は順序回路と呼ばれ，その動作は，**図 3.3** のようなステートマシンで表現できる。グラフのノード $S_0, S_1, \ldots, S_7$ は状態を表し，状態間の有向枝（矢印）が状態遷移を表す。現状態を枝の始点とすると枝の終点が次状態を表す。

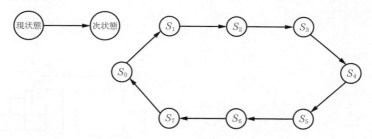

図 3.3　ステートマシンの例（カウンタ）

図 3.3 は，カウンタのステートマシンの例である。$S_0 \sim S_7$ の各状態がカウント値 0 から 7 までを記憶する，7 までの数をカウントするカウンタとなっている。

現在利用されている一般的なコンピュータでは，クロック信号という周期的なパルス信号に同期して状態が遷移する。ステートマシンの動作の時間経過は**図 3.4** の例に示すタイミングチャートで示される。クロック信号に同期した

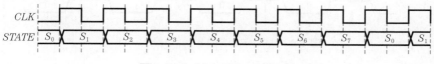

図 3.4　タイミングチャートの例

遷移とは，図 3.4 の例では，クロック CLK のパルス信号の 0 から 1 への遷移時（ポジティブエッジと呼ぶ）に回路の状態 $STATE$ が遷移することを指す。

3.2.2 状 態 割 当

ディジタル回路で状態を実装するには，0,1 の 2 値符号で状態を表す必要がある。各状態に 2 値符号を割り当てることを状態割当と呼ぶ。状態数が n であるとき，2 値符号化に必要なビット数は $\lceil \log_2 n \rceil$[†]で表される。図 3.3 のステートマシンの状態割当の例を**表 3.8** に示す。ここでは，状態を 2 値の 3 変数

表 3.8 状態割当例

状態 $STATE$	符号 $q_2q_1q_0$
S_0	0 0 0
S_1	0 0 1
S_2	0 1 0
S_3	0 1 1
S_4	1 0 0
S_5	1 0 1
S_6	1 1 0
S_7	1 1 1

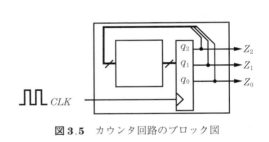

図 3.5 カウンタ回路のブロック図

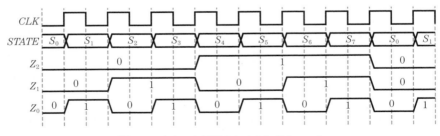

図 3.6 カウンタ回路のタイミングチャート

[†] $\lceil n \rceil$ は n 以上の最小の整数を表す天井関数

$q_2 q_1 q_0$ で 2 値符号化している。この状態符号をそのまま出力として使う場合の
ブロック図を**図 3.5** に示す。出力 Z_2, Z_1, Z_0 は内部状態 q_2, q_1, q_0 の値を出力とし
ている。このブロックのタイミングチャートは，**図 3.6** となる。出力を $Z =$
$(Z_2 Z_1 Z_0)$ の 3 桁の 2 進数として扱うと，クロックパルスごとに値が 1 増える
カウンタの機能を持つことがわかる。

3.2.3 状態遷移の制御

状態遷移を制御する必要がある場合，ステートマシンに制御入力を付加する。
ここでは，カウント値を増減させるための制御入力の付加を例として挙げ
る。図 3.3 のカウンタ回路の例では，クロックパルスごとにカウント値が 1
増えていた。このようなカウンタ回路をアップカウンタと呼ぶ。逆にクロック
パルスごとにカウント値が 1 減る動作をするカウンタ回路は，ダウンカウンタ
と呼ばれる。

先の例に，クロックごとにカウント値を増やすか減らすかを制御する入力
$U/\overline{D}$ を付加し，$U/\overline{D} = 1$ のときはアップカウンタとして，$U/\overline{D} = 0$ のときはダウ
ンカウンタとして動作するカウンタ回路（アップダウンカウンタ）を考えよ
う。アップダウンカウンタのブロック図を**図 3.7** に示す。

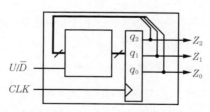

図 3.7 アップダウンカウンタのブロック図

信号名は，一般的に 1 の際の意味をもとに命名する。0 を入力する際の動作
を記したい場合は，論理否定の意味で変数の上にバーを付けたり N を付記し
たりして表す。例えば，入力に 0 を与えるとリセット動作をする場合，信号名
には $\overline{RESET}$ や $RESETN$ などの命名が行われる。この例では，0 を与えた際の

動作についても併記する形で，$U/\overline{D}=1$ を与えると U（up）の動作をし，入力に 0 を与えると D（down）の動作をすることを意図している。

アップダウンカウンタの状態遷移図を**図3.8**に示す。入力値によって状態遷移が異なるため，状態遷移を表す枝にラベルを付けて入力値の違いを表現する。また，状態に応じた出力値をノード内に「状態 / 出力値」の形式で表現している。

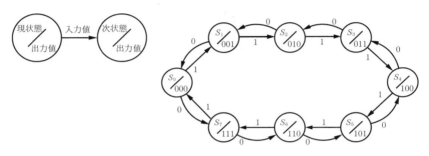

図3.8　アップダウンカウンタの状態遷移図

3.2.4　出力関数の違いによるステートマシンの分類

ステートマシンは，これまでに述べた例のように出力関数が状態のみで決定される**ムーア型**と，出力関数が状態と入力によって決定される**ミーリー型**の 2 種類に分けられる。ミーリー型のステートマシンの例を**図3.9**に示す。このステートマシンは，図3.8のアップダウンカウンタの出力を変更し，カウントアップ時に最大値に達したつぎのクロックで最小値へ遷移する際と，カウントダウン時に最小値に達したつぎのクロックで最大値へ遷移する際に，出力 $M=1$ となるように動作するものである。この回路のブロック図を**図3.10**に示し，アップダウンカウンタ 2 と呼ぶことにする。このステートマシンは出力 M が 1 となる条件が内部状態と入力値によって異なるため，出力値をノード間の枝に「入力値 / 出力値」の形式のラベルで表現する。

ミーリー型のステートマシンは，つぎの手順によってムーア型に変えることができる。

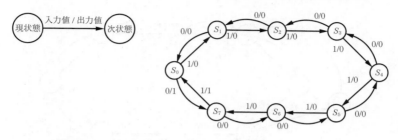

図3.9 アップダウンカウンタ2の状態遷移図（ミーリー型）

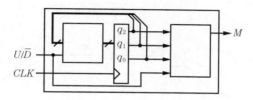

図3.10 アップダウンカウンタ2の
ブロック図（ミーリー型）

① 状態 S_i を終点に持つ枝が複数あり，その中に出力値が異なるものが存在する場合，異なる出力の数だけ新たな状態 $S_{i0}, \ldots, S_{ik}$ を付け加える

② 状態 S_i を終点に持つ枝を，出力値に応じた状態 S_{ij} を終点とするように付け替える

③ 元の状態 S_i を始点に持つ枝と同じ終点を持つ枝を，分割された各状態 $S_{i0}, \ldots, S_{ik}$ からも付け加える

④ 元の状態 S_i および S_i を始点とする枝を取り除く

⑤ 枝のラベルの出力値を枝の終点の状態の出力値と設定して，枝から出力値のラベルを除く

図3.9のミーリー型のステートマシンは，**図3.11** のようにムーア型に変えられる。$S_1 \sim S_6$ の6状態へ遷移する枝の出力はいずれも0で同じである。しかし，S_0 への状態遷移では，S_1 から入力0で遷移する場合は出力0，S_7 から入力1で遷移する場合は出力1となっており，出力値が異なる。そこで，出力0となる状態 S_{00} と出力1となる状態 S_{01} の二つに分割する。新たな状態 S_{00}, S_{01} を追加し，S_1 からの枝を S_{00} に，S_7 からの枝を S_{01} に付け替える。S_0 か

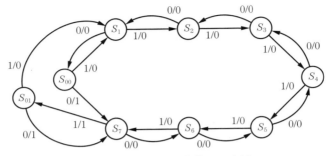

（a） 出力値の異なる状態 S_0 の分割

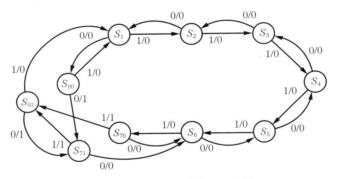

（b） 出力値の異なる状態 S_7 の分割

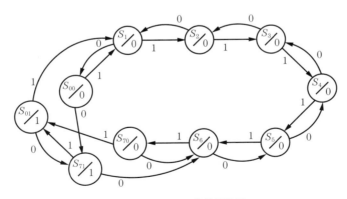

（c） ムーア型の状態遷移図

図 3.11 アップダウンカウンタ 2 の状態遷移図（ムーア型への変換）

らは入力 0 で状態 S_7 への枝，入力 1 で状態 S_1 への枝が存在するので，同じように S_7, S_1 への枝を S_{00}, S_{01} からの枝として追加する。以上で状態 S_{00}, S_{01} は，状態 S_0 からの動作と同じになる。状態 S_0 は不要となるので，S_0 からの枝とともに削除する（図3.11（a））。同様に S_7 への枝にも出力 0 と出力 1 のものが存在するので，S_0 と同様の手順で S_{70}, S_{71} に分割する（図3.11（b））。最後に，出力を表すラベルを枝から状態へと移すと，図3.11（c）のムーア型のステートマシンとなる。ムーア型とすることで，**図3.12** のように出力 M は状態 q_2, q_1, q_0 のみに依存して決定される。

　ムーア型のステートマシンもミーリー型へ変換することが可能である。**図3.13**（a）は 1 が 3 回入力されるごとに 1 を出力するムーア型のステートマ

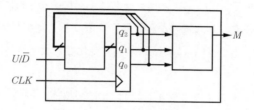

図3.12 アップダウンカウンタ2の
ブロック図（ムーア型）

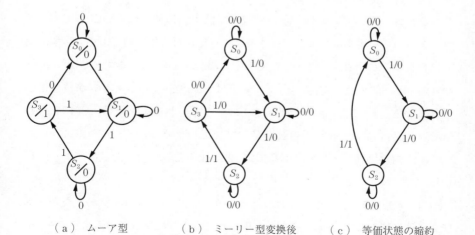

（a）ムーア型　　　（b）ミーリー型変換後　　　（c）等価状態の縮約

図3.13 ムーア型からミーリー型への変換

シンである。各枝の終点の状態での出力を考慮すると図3.13（b）のミーリー型のステートマシンとなる。さらに，等価な状態をまとめると，図3.13（c）のようにより少ない状態のステートマシンになる。状態 S_3 と状態 S_0 は接続先と入出力のラベルがすべて同じ等価な状態であるため，これらの状態への枝を状態 S_0 にまとめると状態 S_3 を削除できる。

このように，ステートマシンはミーリー型とムーア型への変換が可能である。一般的に，ミーリー型を用いる方が少ない状態数で実現できる。

3.3　コンピュータの実装法

1.1.2項で述べたように，コンピュータは主記憶装置・制御装置・演算装置・入力装置・出力装置の5大装置からなる。このうち，制御装置・演算装置である CPU・マイコンは，おもに集積回路（IC）化されたディジタル回路で実現される。

なお，パソコン・スマートフォンでは CPU の機能が一つのチップに含まれた高性能な IC が実装されている。家電製品などの制御用には，より小さな規模のマイコンが用いられる。

コンピュータの実装には，多くの製品で汎用的に使われている CPU・マイコンを用いて実現する場合と，自社製品に特化した機能を効率よく実現するために自社開発の ASIC を設計して使用する場合がある。パソコンでは Intel 社や AMD 社の CPU が，スマートフォンでは，Qualcomm 社の CPU が多く用いられている。一方，Apple 社のパソコン・スマートフォンでは，CPU を含む **SoC**（system on a chip）を自社開発して使用している。テレビやカメラにおいても，画像処理などに特化した CPU を自社開発して用いた製品が多く存在する。

一方，ASIC の開発・製造にはコストがかかるため，汎用品でありながら機能を変更可能な IC である，FPGA も用いられるようになっている。

3.4 FPGA の概要

FPGA（field programmable gate array）は，ゲートアレイと呼ばれる集積回路の 1 種である。

ゲートアレイとは，**図3.14** に示すように，共通設計として格子状に置かれたゲート回路を用意し，回路間の配線を実現したい論理関数に応じて接続することで任意の論理回路を実装する設計手法である。ゲート回路の最も簡単なものとしては，完全系であり，CMOS 構成で最もトランジスタ数が少なく構成可能な NAND ゲートが挙げられる。ただし，FPGA ではユーザが IC 設計を行うのではなく，機能ブロックの論理関数やブロック間の配線を製造後に変更できる，という特徴を持つ。

図3.15 に FPGA の概略図を示す。先述のとおり，FPGA はユーザが IC 設計を行う必要がなく，IC に作り込まれた機能ブロックや配線は共通である（図3.15（a））。FPGA の内部構造は図3.15（b）のようになっており，格子状に置かれるゲート回路に，**CLB**（configurable logic block，構成可能な論理ブロック）と呼ばれる機能ブロックを用いる。CLB 内には，図3.15（c）のように論理関数を書き込み可能な **LUT**（look-up table）部とレジスタ部（REG）が含まれている。CLB 間の接続は配線とスイッチブロック（SB）で行われる。LUT で実現する真理値表の値とスイッチブロック内のスイッチのオンオフは外部から書き込むことができるため，任意の論理関数を実現できる。この特徴から，FPGA は柔軟なハードウェアとも称される。

CLB 内に設ける LUT の回路構成例を**図3.16** に示す。入力 I_2, I_1, I_0 に対する関数値をメモリに書き込むことで任意の関数を実現できる。書き込まれた関数値は入力信号 I_2, I_1, I_0 に応じて選択され，出力される。必要とする入力数が少ない場合は LUT を分割して，複数の関数を一つの LUT で実現できる機能を持つものとして用いられる。例えば，図3.16 では入力 I_1, I_0 を共通に持つ 2 入力関数 F_0, F_1 を実現する二つの LUT としての使用も可能となっている。また，

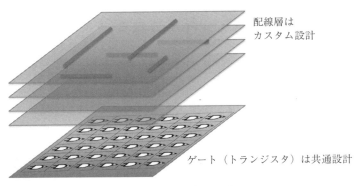

配線層は
カスタム設計

ゲート（トランジスタ）は共通設計

図 3.14　ゲートアレイ

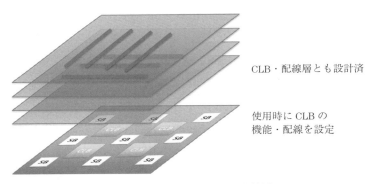

CLB・配線層とも設計済

使用時に CLB の
機能・配線を設定

（a）　FPGA のトランジスタ・配線層

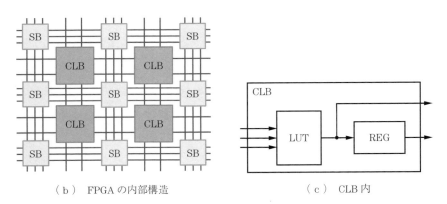

（b）　FPGA の内部構造

（c）　CLB 内

図 3.15　FPGA

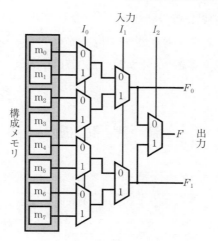

図3.16 LUT の例（3ビット）

表3.9に，図3.16の LUT を一つの関数 F として使用する場合の真理値表と入力が共通な二つの関数 F_0, F_1 として使用する場合の真理値表を示す。一方，より多くの入力変数が必要な関数は，複数の LUT を結合して実現される。

　実際の FPGA では，CLB 内に LUT が複数含まれ，さらに加算器などが追加されたものもあり，複雑な関数を少ないCLBで効率よく実現可能となっている。

表3.9 LUT で実現する真理値表

（a）　一つの3入力関数として使用

$I_2I_1I_0$	F
0 0 0	m_0
0 0 1	m_1
0 1 0	m_2
0 1 1	m_3
1 0 0	m_4
1 0 1	m_5
1 1 0	m_6
1 1 1	m_7

（b）　二つの2入力関数として使用

I_1I_0	F_0	F_1
0 0	m_0	m_4
0 1	m_1	m_5
1 0	m_2	m_6
0 1	m_3	m_7

FPGA は，ASIC の試作時のプロトタイプとして用いられていたが，近年では製品内に用いられたり，検索サイトのデータベースサーバ内で使用され，利用頻度に応じて回路を書き換えるなど，その特徴を活かして応用範囲を広げている。

演　習　問　題

① 数値（正の整数）を 10 進・2 進・16 進表現でまとめた下表を完成させなさい。

10 進	2 進（8 桁）	16 進（2 桁）
58		
255		
	10001100	
		1E

② つぎの 10 進の負数を，符号絶対値表現，1 の補数表現，2 の補数表現，バイアス表現の各表現を用いて 8 桁の 2 進符号として表しなさい。
（a）－16　　（b）－28　　（c）－80

③ 50 種類の識別を行う符号に必要となるビット数を求めなさい。

④ 図 3.8 の状態遷移において現状態が S_0 であるとき，$U/\overline{D}$ に入力系列 11011101 を印加した後の状態を求めなさい。

⑤ ムーア型のステートマシンをミーリー型のステートマシンに置き換える手順を調べなさい。

⑥ 自社開発している専用のプロセッサを搭載する家電製品について調べなさい。

⑦ 2 社以上の製品で使われている汎用のプロセッサについて調べなさい。

4

Verilog HDL による回路設計

コンピュータに用いるディジタル回路の設計では，論理ゲートで構成される回路図を用いるのではなく，より抽象度の高い動作記述が用いられる。動作記述にはハードウェア記述言語，またはハードウェア設計用に拡張された C 言語などが用いられる。本章では，ハードウェア記述言語として用いる Verilog HDL の文法，回路の記述方法と，シミュレーション用のテストベンチ記述について解説する。

4.1 ハードウェア記述言語を用いる設計の概要

初期の集積回路では，論理ゲートとそれらの間の接続配線を描いたゲートレベルの回路図を用いて設計されていたが，近年の大規模回路ではプログラミング言語に近いハードウェア記述言語を用いて設計が行われている。

ハードウェア記述言語（**HDL**：hardware description language）とは，おもにディジタル回路の動作を記述するための言語であり，回路の動作を論理式・数値演算，または論理ゲートの接続として書き表すことができる。代表的なハードウェア記述言語として，VerilogHDL と VHDL がある。

HDL では，基本構造のモジュールを組み合わせて回路の記述を行う。各モジュールでは入出力のポートの定義と内部動作を記述する。モジュールの内部動作の記述としては，**RTL**（register transfer level）**記述**と構造記述の2種が挙げられる。RTL 記述はその名のとおり，レジスタ間の機能を論理式や数式で表すものである（**図 4.1**（a））。構造記述は，論理ゲートとその接続関係（ゲートレベル）や，IP コアを利用する場合におけるコアの入出力との接続関係を記すものである（図 4.1（b））。

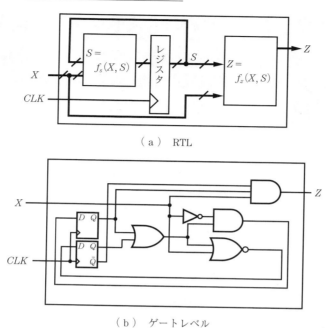

（ａ）　RTL

（ｂ）　ゲートレベル

図 4.1　RTL とゲートレベルによるモジュール表現例

　HDL を用いて記述した回路は設計ツールにより，**図 4.2** の各工程を経て物理的な構成を表すデータに変換される。論理合成の工程では，ディジタル回路に変換される。テクノロジーマッピングの工程では，ASIC が対象であれば使用可能なライブラリセルとその配線による回路レイアウトデータに変換される。一方，FPGA が対象であれば，CLB の内部関数および CLB 間の配線による構造に変換され，さらに変換した構造を FPGA 内で実現するビットストリームとして書き出される。

　ASIC の場合は，生成されたレイアウトデータからトランジスタや配線層の形成用のマスクパターンが作成され，IC が製造される。FPGA の場合は，生成されたビットストリームを FPGA に与えることで，CLB の論理機能や CLB 間の接続が設定され，所望の機能を持つ動作が実現できる。

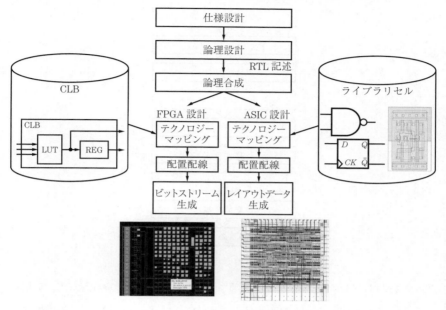

図 4.2 HDL を用いる設計の概要

 ## 4.2 Verilog HDL による論理設計

Verilog HDL を用いて設計するためには，設計手順や記述方法の知識が必要となる。本節では，具体的な設計手順およびプログラムの記述方法について説明する。ツールの使い方については，第 11 章（https://www.coronasha.co.jp/np/isbn/9784339029406/　に掲載）を参照されたい。

4.2.1 Verilog HDL を使用した設計の流れ

図 4.3 に設計手順を示す。まず，どのような回路を設計するか仕様を決める。その後，回路の具体的な入出力を決定するために，全体ブロック図を作成する。また，同期式回路の場合は必要に応じて状態遷移図を用いて動作を検討する。つぎに，タイミングチャートを作成し，入力に対する出力の期待値を時系列順に検討する。そして，これまでに決定した仕様に基づいてコーディン

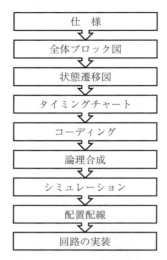

図 4.3 設計手順

グ，すなわちプログラムの記述を行う。この手順からは，Verilog HDL を用い
た設計特有の手順となる。コーディングしたプログラムに基づいて，論理合成
を行い，それらを組合せ回路や順序回路に置き換える。配置配線により，論理
合成された回路をもとに，インプリメントする FPGA の構成に従って入出力
や回路の配置を行う。その後，生成されたビットストリームデータを FPGA
にインプリメントすることで，回路の実装が完了する。

4.2.2　モジュールの記述

具体的な Verilog HDL の記述方法について解説する。信号や定数，回路機能
名を示すモジュールなどに付加する名前を識別子という。識別子に使用可能な
文字は，英数字およびアンダースコア "_"，ダラー "$" である。大文字小文
字が区別されるため，"SIGNAL" と "signal" のように，同じ文字並びの識別
子も別の識別子として同時に使用可能であるとともに，注意が必要である。た
だし，先頭はアルファベットかアンダースコアでなければならないため，数字
やダラーは使用できない。また，Verilog HDL の規格ですでに使用されている
予約語は使用することができない。予約語の詳細に関しては，Verilog HDL の

仕様である IEEE 1364 を参照されたい。

　モジュールの記述を行うにあたり，枠組みとなるモジュールの定義を行う。モジュールの基本的な構造例を**図 4.4** に示す。モジュールの定義は，"module モジュール名"から始まり，"endmodule"までを一つのモジュールとして扱う。この際，開発ツールによっては不具合が発生する場合があるため，モジュール名とファイル名を同一にすることを推奨する。また，モジュール名の後には"() ;"を記述し，その中で入力信号を"input 入力信号名"，出力信号を"output 出力信号名"，入出力（双方向）信号を"inout 入出力信号名"として定義する。この例では，入出力一つずつの信号のみの定義であるが，複数の信号を定義することも可能である。入力および出力，入出力信号は，信号名の後にカンマ","を付加して区切り，最後の信号名の行末に");"を記述する。その後，内部で用いる信号を"wire"や"reg"を用いて定義する。内部信号の定義の前に回路定義を行うことも可能であるが，ソースコードの可読性を低下させる要因となるので推奨しない。

```
 1 module モジュール名(
 2     input 入力信号名,
 3     output 出力信号名,
 4     inout 入出力信号名
 5 );
 6     wire 内部信号名;
 7     reg 内部信号名;
 8
 9     (回路記述)
10
11 endmodule
```

図 4.4　モジュールの構造例

回 路 の 階 層 化

　定義したモジュールを，別のモジュール内からインスタンス化することで階層構造を構築することができる。インスタンス化とは，モジュールの接続関係に関して構造記述することを意味しており，インスタンス名を別名にすることで，同じモジュールを複数回使用可能である。

　機能ごとにモジュールを分割して設計を進めていくことで，構造的な設計手法を実現できる。**図4.5**に階層化の基本文法を示す。また，例として**図4.6**に示すような2入力 AND 回路を二つ構成した場合における，上層モジュールの記述例を**コード4.1**，下層モジュールの記述例を**コード4.2**に示す。この記述例では，下層部に AND 回路を構築し，上層部で AND 回路をそれぞれ MOÐ1 および MOÐ2 として接続することで，AND 回路を二つ搭載する回路を実現できる。

```
1 モジュール名　インスタンス名(
2     ポート接続
3 );
```

図4.5　階層化の基本文法

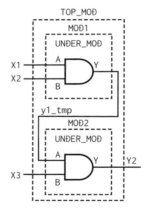

図4.6　2入力 AND 回路を二つ構成した場合の例

コード4.1　階層化における上層モジュールの記述例

```
1 //上層モジュール
2 module TOP_MOÐ(
3     input X1, X2, X3,
4     output Y2
5 );
6     wire y1_tmp;                    //
7     //下層モジュールインスタンス1
8     UNÐER_MOÐ MOÐ1 (               //"UNÐER_MOÐ"をMOÐ1としてインスタンス化
9         .A(X1),                    //"UNÐER_MOÐ"のAにX1を接続
```

```
10        .B(X2),                          //"UNDER_MOD"のBにX2を接続
11        .Y(y1_tmp)                       //"UNDER_MOD"のYにy1_tmpを接続
12    );
13    //下層モジュールインスタンス2
14    UNDER_MOD MOD2 (                      //"UNDER_MOD"をMOD2としてインスタンス化
15        .A(y1_tmp),                       //"UNDER_MOD"のAにy1_tmpを接続
16        .B(X3),                           //"UNDER_MOD"のBにX3を接続
17        .Y(Y2)                            //"UNDER_MOD"のYにY2を接続
18    );
19 endmodule
```

コード 4.2　階層化における下層モジュールの記述例

```
 1 // 下層モジュール
 2 module UNDER_MOD(
 3     output Y,                            //出力信号Yを割り当て
 4     input A,                             //入力信号Aを割り当て
 5     input B,                             //入力信号Bを割り当て
 6 );
 7
 8     assign Y = A&B;                       //ANDとしてアサイン
 9
10 endmodule
```

4.2.3　数値と信号の表現

〔1〕 数 値 表 現

Verilog HDL では，2 進数（Binary），8 進数（Octal），10 進数（Decimal），16 進数（Hexadecimal）を使用可能であるが，数値表現の規則として，使用するビット数や進数を明記する必要がある。明記せずに数字のみを表記した場合は，10 進数として解釈が行われるが，意図しない動作や不具合を引き起こす可能性があるため，推奨しない。数値表現は，**表 4.1** に示すように先頭にビット数を記述し，その後ろにシングルクォーテーションを付加し，数値表現の基数（2 進数は b，8 進数は o，10 進数は d，16 進数は h）を置いて，数値を記述する。なお，基数を表すアルファベットは大文字でも構わない。符号付きの数値として表現する場合は，基数の前に"s"を付加することで実現可能である。

表 4.1 数値表現

1'b1	1 ビットの 2 進数で 1
8'b11110101	8 ビットの 2 進数で 11110101
8'hf5	8 ビットの 2 進数 11110101 を 16 進数で F5
8'sb10101111	8 ビットの符号付き 2 進数で 10101111

〔**2**〕 **信 号 表 現**

Verilog HDL ではいくつかのデータ型が存在するが，おもに回路の入力信号（input）および出力信号（output），入出力信号（inout）のほかに，内部配線の信号線を示すデータ型として，ネット型（wire）およびレジスタ型（reg）の二つが挙げられる。データ型について，wire は論理回路における配線に相当するものであり，reg は信号値を記憶する機能を有する配線である。宣言の際，wire では予約語である "wire" の後にスペースを入れ，信号名を記述してセミコロンで終える。一方で，reg は予約語である "reg" の後にスペースを入れ，信号名を記述してセミコロンで終えることにより，宣言を行うことができる。どちらも予約語の後に "[MSB : LSB]" の記述を付加することで，複数ビットの信号を扱うことが可能となる。**図 4.7** に wire および reg によるデータ型の宣言例を示す。また，sample_wire_2[4]，sample_reg_2[3] のように記述を行うことで，複数のビットをまとめた信号を定義した場合でも，4 ビット目や3 ビット目などの特定のビットのみを抜き出すことが可能である。

wire 宣言例		
wire	sample_wire_1;	//1ビットwire型のsample_wire_1を宣言
wire[7:0]	sample_wire_2;	//8ビットwire型のsample_wire_2を宣言
reg 宣言例		
reg	sample_reg_1;	//1ビットreg型のsample_reg_1を宣言
reg[7:0]	sample_reg_2;	//8ビットreg型のsample_reg_2を宣言

図 4.7 データ型の宣言例

〔**3**〕 **演 算 子**

Verilog HDL ではほかのプログラミング言語と同様に，各種演算子を取り扱

うことが可能である。演算子の種類を**表4.2**に示す。演算子を使用する際は，優先順位が存在するが，順位の明示による演算順序の誤りを防止するためにも，優先したい計算を“( )”で囲うことで明示的に記述することを推奨する。また，ビット演算とリダクション演算において一部の演算子が重複している。以下の例のように，ビット演算は対応するビットごとに演算を行い，リダクション演算は単一の2ビット以上の信号やreg等の各ビットどうしの演算を行うため，これらは厳密には機能が異なる。

表4.2　演算子一覧

算術演算		リダクション演算	
+	加算，プラス符号	&	AND
−	減算，マイナス符号	~&	NAND
*	乗算	|	OR
/	除算	~|	NOR
%	乗除	^	XOR
**	累乗	~^	XNOR
論理演算		等号演算	
!	論理否定	==	等しい
&&	論理 AND	!=	等しくない
||	論理 OR	===	等しい（X, Z も比較）
ビット演算		!==	等しくない（X, Z も比較）
~	NOT	関係演算	
&	AND	<	小
|	OR	<=	小または等しい
^	EX-OR	>	大
シフト演算		>=	大または等しい
<<	論理左シフト	その他	
>>	論理右シフト	?:	条件演算
<<<	算術左シフト	{}	連接演算
>>>	算術右シフト		

・ビット演算： a=1010,b=1100 のとき，c=a|b=1110，c=a&b=1000

・リダクション演算： a=1010 のとき，|a=1，&a=0

〔**4**〕 **コ メ ン ト**

Verilog HDL においても，ソースコード内にコメント文を記述することで可読性の向上が可能である。コメントは C 言語と同様に，"/*" から "*/" の間，もしくは 1 行の場合は行頭に "//" を記述することで，コメントとして扱うことができる。注意点として，コメント文の中にコメント文を入れる（ネスト）ような記述は不具合を引き起こす原因となるため，推奨しない。また，コメント文には日本語やギリシャ語など，ASCII コードに存在しないマルチバイト文字も使用可能であるが，文字化けなどを引き起こすこともあるため，使用する場合は注意が必要である。

4.2.4 回 路 記 述 方 法

〔**1**〕 **組合せ回路の記述**

Verilog HDL において組合せ回路は "assign" を用いて定義を行う。"assign" の後に半角スペースを空け，定義を行いたい論理式を記述することで，組合せ回路として定義を行うことが可能である。定義を行う際，組合せ回路の出力先，すなわち代入先として使用できるのは "wire" で定義されている信号のみである。**図 4.8** の例の場合，"C = A&B" の A もしくは B は wire，reg どちらの型でも構わないが，代入先になっている C に関しては wire 型である必要がある。また，本書の第 10 章および第 11 章で扱う Xilinx 社の開発ツール Vivado では，入力および出力として定義した信号は wire として解釈される。

この例では A と B の値の論理積を C に代入する AND 回路を定義しているが，その他表 4.2 に示した演算子を用いることで，さまざまな組合せ回路を定義

```
1 wire A,B,C;          //wire型のA,B,Cを定義
2 assign C = A&B;      //AとBの論理積をCに出力するAND回路
```

図 4.8 組合せ回路の記述例

可能である。

〔2〕 順序回路の記述

順序回路は組合せ回路とは異なり，状態の遷移に特定のトリガを必要とする回路である。トリガとして，おもにクロック信号を使用することが多い（パソコンなどの性能を示す際に用いられるクロックと同義である）。また，状態の保存や前回の状態を利用した回路など，より高度で複雑な回路記述を行うことが可能である。順序回路の記述例を**図 4.9** に示す。

```
1  always@(posedge 信号名)begin
2      （回路定義）
3  end
```

図 4.9 順序回路の記述例

順序回路は，"always" から "end" までの間に記述を行う（シーケンシャルブロックと呼ばれる）。なお，always が 1 文のみの場合は begin-end を省略することも可能である。また，"@" の後にトリガの種類と対象信号を "()" で囲んで記述する。図 4.9 の場合，トリガは "posedge 信号名" の部分である。"posedge" と記述することで，信号の立ち上がりをトリガとして使用し，"negedge" と記述することで，信号の立ち下がりをトリガとして使用できる。また，"or" や "and" などを用いることで，複数の信号を組み合わせてトリガとして使用可能である。

〔3〕 回 路 定 義

シーケンシャルブロック中の回路定義では，**図 4.10** のように，代入先となる論理式の左辺に reg で定義した信号を用いる。また，代入元である論理式の右辺では，wire で定義した信号を使用することができる。ただし，組合せ回

```
1  wire CLOCK;                      //wire型の信号CLOCKを定義
2  reg A,B,C;                       //reg型の信号A，B，Cを定義
3  always@(posedge CLOCK)begin      //信号線"CLOCK"の立ち上がりをトリガとして使用
4      C <= A&B;                    //AとBのANDの結果をCに代入
5  end
```

図 4.10 回路定義の記述例

路と異なり，シーケンシャルブロックの中では reg 信号線の定義を行うことは
できない。したがって，組合せ回路の記述で使用する assign 文の左辺は
wire，順序回路の記述で使用する always 文の中の左辺は reg を使用する。

〔**4**〕 **ブロッキング代入，ノンブロッキング代入**

図 4.10 の例では回路定義を "C <= A&B" のようにしている。順序回路の回
路定義における論理式では，ブロッキング代入とノンブロッキング代入と呼ば
れる二つの代入法が存在する。ブロッキング代入では，シーケンシャルブロッ
ク内の回路定義が上から順番に実行される。ノンブロッキング代入では，回路
定義が同時に実行される。記述方法としては，ブロッキング代入は "C =
A&B" のように "=" で代入を行う。また，ノンブロッキング代入は，"C <=
A&B" のように "<=" で代入を行う。注意点としては，一つのシーケンシャ
ルブロック内に二つの代入法を混在させることはできない。例えば，ブロッキ
ング代入とノンブロッキング代入では，**表4.3**に示すように回路構成が異なる。

表4.3 ブロッキング代入およびノンブロッキング代入における回路構成の違い

		ノンブロッキング代入	ブロッキング代入
プログラム	1	wire IN;	wire IN;
	2	reg A, B;	reg A, B;
	3	always @(posedge CLK)begin	always @(posedge CLK)begin
	4	A <= IN;	A = IN;
	5	B <= A;	B = A;
	6	end	end
回　路			

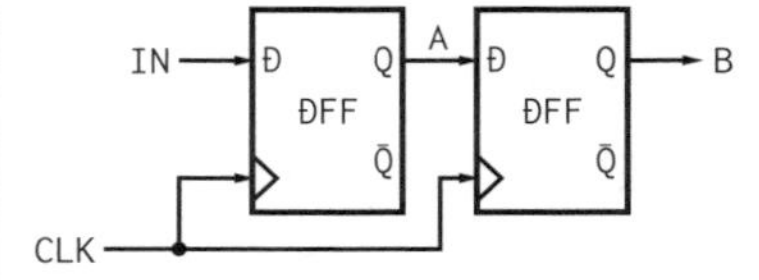

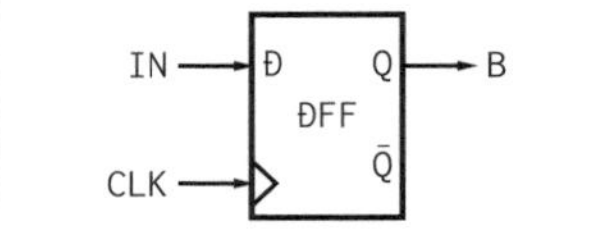

〔**5**〕 **条 件 分 岐**

シーケンシャルブロック内部では，ほかの言語と同様に条件分岐を使用する
ことができる。if 文は条件式の真偽で分岐を行い（**図4.11**），case 文は信号の
値で分岐を行う（**図4.12**）。

```
1  if（条件式）begin
2      //処理
3  end
4  else if（条件式）begin
5      //処理2
6  end
7  else begin
8      //処理3
9  end
```

図4.11　if 文による分岐の例

```
1  case（信号名）
2      信号名の値: //処理;
3      信号名の値: //処理;
4  endcase
```

図4.12　case 文による分岐の例

　以上のように，Verilog HDL によって回路記述を行った後，論理合成を行うことで，FPGA の構造に基づいて組合せ回路や順序回路に置き換えられる。

4.2.5　回 路 構 成 例

〔1〕　半加算器（ゲートレベル記述）

　半加算器は，**図4.13** に示されるような組合せ回路である（6.1.1項）。加算対象の入力信号 A および B に対する和の出力信号 S と繰り上がり出力信号 C_out より，**表4.4** に示す真理値表のように結果が出力される。

　ゲートレベル記述による半加算器の記述例を**コード4.3** に示す。

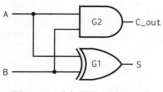

図4.13　半加算器の論理回路

表4.4　半加算器の真理値表

A	B	C_out	S
0	0	0	0
0	1	0	1
1	0	0	1
1	1	1	0

コード **4**.**3**　ゲートレベル記述による半加算器の記述例【HA_gate.v [†]】

```
1 module HA_gate(
2   input A, B,
3   output S, C_out
4 );
5   xor G1 (S, A, B);
6   and G2 (C_out, A, B);
7 endmodule
```

〔**2**〕　**半加算器**（**RTL 記述**）

always 文内に "*" を記述することにより，入力信号に何かしらの変化が生じた際に always 文内の処理が行われる。**コード 4.4** に示す記述例では，case 文を使用して各入力条件に対する出力値を設定することにより，半加算器を実現している。なお，**RTL 記述**は，ゲートレベルに比べて抽象的な表現であり，クロック信号に対するレジスタの振る舞いを表現したレベルを示している。

コード **4**.**4**　RTL 記述による半加算器の記述例【HA_RTL.v】

```
 1 module HA_RTL(
 2   input    A,
 3   input    B,
 4   output   C,
 5   output   S
 6   );
 7
 8   reg   [1:0] sum; // 出力結果を保持する
 9
10   always @ (*) begin // 入力信号AおよびBが変化したときの振る舞いを記述
11     case ({A, B})    //入力信号AおよびBを結合して2ビットの信号として扱う
12       2'b00:  sum = 2'b00;  //左側：入力の組み合わせ，右側：対応する出力値
13       2'b01:  sum = 2'b01;
14       2'b10:  sum = 2'b01;
15       2'b11:  sum = 2'b10;
16     endcase
17   end
18   assign {C, S} = sum;  //sumに格納されている2ビットの値をCおよびSの1ビットずつに分解
19
20 endmodule
```

---

†　【】内はコロナ社 Web サイトで公開するコード名に対応する。

〔**3**〕　**半加算器を用いた階層化による全加算器の記述例**

　全加算器の真理値表は**表 4.5** に示すとおりとなる。全加算器は，**図 4.14** に示すように半加算器を二つ用いることから，階層化を適用し半加算器のモジュールを二つ用いて構成可能である。半加算器を用いた階層化による全加算器の記述例（階層トップ）を**コード 4.5** に示す。C_in は，前段からの桁上がり入力，S は桁上がり入力を考慮した加算結果である。また，下位の階層については，〔1〕のコード 4.3 で示した記述を使用する。

表 4.5　全加算器の真理値表

A	B	C_in	C_out	S
0	0	0	0	0
0	1	0	0	1
1	0	0	0	1
1	1	0	1	0
0	0	1	0	1
0	1	1	1	0
1	0	1	1	0
1	1	1	1	1

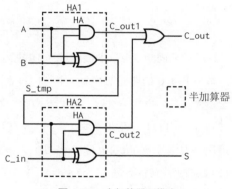

図 4.14　全加算器の構成

コード 4.5　半加算器を用いた階層化による全加算器の記述例（階層トップ）【FA.v】

```
1  module FA(
2      input  A,
3      input  B,
4      input  C_in,
5      output S,
6      output C_out
7  ); //全加算器の入出力信号を設定
8
9      wire S_tmp; //1段目の半加算器の加算出力と2段目の半加算器の加算入力を接続
10     wire C_out1, C_out2;    //二つの半加算器の桁上がり出力
11
12     //1段目の半加算器の接続
13     HA HA1 (
14         .A(A),
15         .B(B),
```

```
16        .S(S_tmp),
17        .C_out(C_out1)
18     );
19
20     //2段目の半加算器の接続
21     HA HA2 (
22        .A(S_tmp),
23        .B(C_in),
24        .S(S),
25        .C_out(C_out2)
26     );
27
28     assign C_out = C_out1 | C_out2; //二つの半加算器の桁上がり出力のOR
29
30  endmodule
```

〔4〕 非同期リセット機能付き 16 進カウンタ（4 ビット）

コード **4.6** に非同期リセット機能付き 16 進カウンタ（4 ビット）の記述例を示す。このカウンタは，4 ビットのカウンタで，クロック信号 CLK に同期して 0000 〜 1111 の範囲でカウントアップし，1111 に達した段階で 0000 に戻り，逐次出力信号 count_out より出力する。また，信号レベルが always のトリガに RESETN の立ち下がり（negedge）も指定することで非同期リセットを実現する。これにより，クロックのタイミングに依存せずリセット信号の立ち下がりタイミングでリセット機能が有効となり，0000 に戻る。

コード **4.6** 非同期リセット機能付き 16 進カウンタの記述例【COUNT4.v】

```
1  module COUNT4(
2  input RESETN,
3  input CLK,
4  output [3:0]count_out
5  );
6
7  reg [3:0] COUNT;              //カウント値を保持
8
9  always @(posedge CLK or negedge RESETN)begin
10     if (RESETN == 1'b0)begin    //RESETNが有効
11        COUNT <= 4'h0;          //COUNTに0を代入
12     end
13     else begin
```

```
14        COUNT <= COUNT + 4'h1;  //カウントアップ
15      end
16  end
17
18  assign count_out = COUNT;
19
20  endmodule
```

4.3　Verilog HDL によるシミュレーション

　シミュレーションによって，設計した回路の振る舞いを確認するためには，テストベンチの作成が必要となる。テストベンチは，設計した回路をシミュレーション用の回路にインスタンス化したものである。具体的には，設計した回路の入出力信号に対してテストベンチの入出力をそれぞれ接続し，外部より信号を与えてその応答を観測することになる。**図4.15** にテストベンチの構成

```
 1  `timescale Xns / Yns    //シミュレーションの刻みおよび精度を設定
 2  module XXX(            //シミュレーション用モジュール名XXXを記述
 3  );
 4      parameter XXX = YYY;    //テストベンチ内で使用する定数を表す識別子
 5      reg XXX = YYY;    //シミュレーション対象の回路に対して印加する信号の定義
 6      wire XXX;    //シミュレーション対象の回路の出力信号を観測する信号の定義
 7
 8      initial begin
 9      //時系列で印加する信号
10      $finish;    //シミュレーションを終了
11      end
12
13  always#(XXX)begin    //XXXごと(シミュレーションの刻み×XXX)に繰り返す
14  //繰り返す内容を記述
15  end
16
17  XXX YYY(            //モジュール名(XXX：対象回路，YYY：テストベンチ)
18  .AAA(BBB),          //信号名(AAA：対象回路，BBB：テストベンチ)
19  .CCC(ÐÐÐ)
20  );
21  endmodule
```

図4.15　テストベンチの構成

を示す。また，**コード 4**.**7** にコード 4.6 に示した非同期リセット機能付き 16
進カウンタ用テストベンチの記述例を示す。さらに，このテストベンチの記述
例によりシミュレーションを実行した結果を**図 4**.**16** に示す。このテストベン
チでは，まず，30 〜 32 行目において回路とテストベンチの信号をそれぞれ接
続しており，回路のリセット信号 RESETN をテストベンチの sim_rst に接続し
ている。また，ほかの信号も同様に，クロック信号 CLK を sim_clk，カウント
値の出力 count_out を num に接続している。

コード 4.**7**　非同期リセット機能付き 16 進カウンタ用テストベンチの記述例【COUNT4_sim.v】

```
 1  `timescale 1ns / 1ps          //シミュレーションの刻みを1ns，精度を1psに設定
 2  module COUNT4_sim(            //モジュールとしてCOUNT4_simを設定
 3      );
 4      parameter WB_PERIOD = 10.0;    //変数WE_PERIODに10.0を代入
 5      //シミュレーション対象の回路に対して印加する信号の定義
 6      reg sim_clk = 1'b0;
 7      reg sim_rst = 1'b0;
 8      //シミュレーション対象の回路の出力信号を観測する信号の定義
 9      wire [3:0]num;
10      //時系列で印加する信号
11      initial begin
12          sim_clk = 1'b0;
13          sim_rst = 1'b1;
14          #10   //シミュレーションの刻みを基準として遅延を発生(1ns×10＝10 ns)
15          sim_rst = 1'b0;
16          #10
17          sim_rst = 1'b1;
18          #170
19          sim_rst = 1'b0; //17サイクル後にリセットをかける
20          #10
21          sim_rst = 1'b1;
22          $finish;
23      end
24      //シミュレーション対象の回路に印加するクロックの生成
25      always#(WB_PERIOD/2)begin    //5 nsごとに以下を繰り返す
26          sim_clk = ~sim_clk;    //sim_clkを反転する
27      end
28      //自作回路インスタンス化(シミュレーション対象回路とテストベンチを接続)
29      COUNT4 COUNT4_0(    //シミュレーション対象回路　テストベンチ
30          .RESETN(sim_rst),
31          .CLK(sim_clk),
```

```
32          .count_out(num)
33       );
34  endmodule
```

図 4.16 非同期リセット機能付き 16 進カウンタ用テストベンチによるシミュレーション結果

時系列に関しては，リセット信号 sim_rst に対して 0 を印加し，リセット機能によりカウンタの値を初期化する。その後，sim_rst に 1 を印加してカウントアップ動作を行い，17 サイクル後に再び sim_rst に 0 を印加してリセットし，その後のカウントアップ動作を期待している。

図 4.16 の波形より，カウント値の出力である num について，不定値になっておらず，出力値よりカウント機能の動作が確認できる。さらに，190 ns でリセット信号を Low に変化させた際に，非同期リセットの機能が正常に動作していることが確認できる。

演　習　問　題

1. 4 ビットの入力信号 A と 8 ビットの出力信号 B を記述しなさい。
2. 8 ビット幅符号なしの 2 進数 1101000 を記述しなさい。
3. つぎの論理式の回路を作成しなさい。
$$Y = (\overline{A \cdot B}) + C$$
4. 2 進-4 進デコーダを Verilog HDL で設計し，テストベンチを作成の上，シミュレーションで動作確認しなさい。
5. 4 ビットの加算器を Verilog HDL で設計し，テストベンチを作成の上，シミュレーションで動作確認しなさい。
6. 非同期リセット機能付き 8 進カウンタを Verilog HDL で設計し，テストベンチを作成の上，シミュレーションで動作確認しなさい。

レジスタ，カウンタ要素

本章では，CPU の命令やデータの一時格納場所となるレジスタ，プログラム
の実行制御の基準となるフラグレジスタおよびプログラムカウンタについて，
またカウンタ回路について紹介する。

5.1 フリップフロップと順序回路

ステートマシンは順序回路として実装される。順序回路とは，内部状態を持
つ論理回路のことであり，記憶回路部と組合せ回路部から構成される。記憶回
路部では，過去の入力系列に応じた状態が記憶され，組合せ回路部では現状態
と入力値の関数である出力値，次状態が決定される。**図 5.1** に順序回路のブ

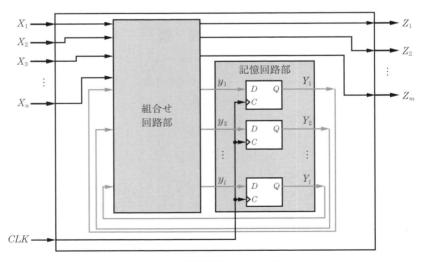

図 5.1 順序回路のブロック図

ロック図を示す。

ステートマシンを順序回路として実装する際の記憶回路として，フリップフロップが用いられる。フリップフロップは，1ビットの内部状態0,1を持つ回路素子である。ステートマシンの状態を2値符号で表すのに必要なビット数が，順序回路内のフリップフロップ数となる。

図5.2に，順序回路で用いられるエッジトリガ型D（delay）フリップフロップの回路記号と特性表を示す。図5.2（a）の回路記号において，入力 C の三角の印はエッジトリガ型の動作を示し，クロック信号 C の立ち上がり（ポジティブエッジ）時に入力 D が取り込まれ，状態 Q として出力されることを表している。また，図5.2（b）の特性表で，Q^t は現状態の Q の値，Q^{t+1} は次状態の Q の値を表す。クロック信号の立ち上がり時以外では状態 Q の値は保持され，入力 D の変化は出力 Q へ伝わらない。

Dフリップフロップを用いた回路の例として，図3.3のカウンタのステートマシンを実現する順序回路を**図5.3**に示す。

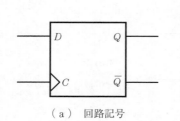

C	D	Q^{t+1}
↑	0	0
↑	1	1
その他	0	Q^t
その他	1	Q^t

（a） 回路記号 　　　　（b） 特性表

図5.2 エッジトリガ型Dフリップフロップ

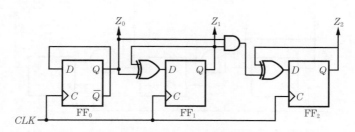

図5.3 Dフリップフロップを使用するカウンタの例

　フリップフロップ FF_0 では $\overline{Q}$ が接続されているので，Q がクロックパルスごとに反転する。したがって，出力 Z_0 は交互に 0,1 を繰り返す。FF_1 については，Q と Z_0 を入力に持つ XOR ゲート出力が D に接続されている。XOR ゲートは $Z_0 = 0$ で Q を出力，$Z_0 = 1$ で Q を反転して出力する。Z_0 は交互に 0,1 を繰り返すため，FF_1 出力の Z_1 は 2 回に 1 度 0,1 反転した系列を出力する。FF_2 も同様に XOR ゲートが Q から D にフィードバック接続されている。XOR ゲートのもう一方の入力には，Z_0 と Z_1 の AND 出力が接続されているため，最上位ビットにあたる Z_2 は，4 回に 1 度 0,1 反転する。

　したがって，この回路は図 3.6 の動作をするアップカウンタとして動作し，カウント値が $Z = (Z_2 Z_1 Z_0)$ で表される。

　D フリップフロップ以外のフリップフロップとして，**図 5.4** に示す T（toggle または trigger）フリップフロップも用いられる。T フリップフロップは，状態値を 0,1 反転させるか否かを入力 T により制御する。図 5.4（b）の特性表に示すように，クロック信号のポジティブエッジ時に入力 $T = 1$ が与えられてい

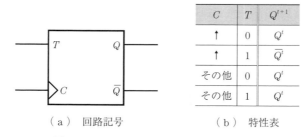

C	T	Q^{t+1}
↑	0	Q^t
↑	1	$\overline{Q^t}$
その他	0	Q^t
その他	1	Q^t

（a）　回路記号　　　　　　　（b）　特性表

図 5.4　エッジトリガ型 T フリップフロップ

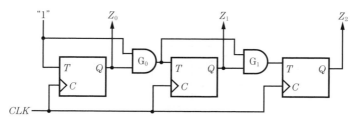

図 5.5　T フリップフロップを使用するカウンタの例

ると出力値が 0, 1 反転され，それ以外の場合では出力値が保持される。図 5.3 と同じ動作をするカウンタを T フリップフロップを用いて構成した回路の例が**図 5.5** である。

また，カウンタ以外の順序回路の例として，ある連続する 0, 1 の入力系列を検知して出力する回路の例を示す。

図 5.6 のステートマシンの枝のラベルは入力 X / 出力 Z を表すとする。このステートマシンは，現状態がどの状態であっても，入力 X に 1 が印加されると状態 S_0 へ遷移する。つぎに 0 が印加されると状態 S_1 へ，さらに 0 が印加されると状態 S_2 へ遷移し，そのつぎに 1 が印加されると 1 を出力して，状態 S_0 へ戻るよう動作する。

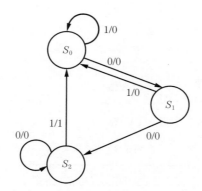

図 5.6 入力系列の検出を行うステートマシン

初期状態を S_0 とすると，状態 S_1 が系列の先頭の "0" まで入力された状態，状態 S_2 が系列の "00" まで入力された状態を表している。状態 S_2 において 0 が入力されると連続して "000" と入力されたことになるが，これは検出する系列の "00" までが入力されたものとして状態 S_2 に留まるようになっている。

出力 $Z = 1$ となるのは，現状態が S_2 で $X = 1$ が入力されるときのみである。したがって，出力 1 が得られると入力系列 "001" が印加されたとわかる。

図 5.6 のステートマシンを状態遷移表で表すと，**表 5.1** となる。このステートマシンを順序回路として実現するために，**表 5.2** のように状態割当を行っ

表5.1 状態遷移表

現状態	次状態 / 出力値	
	$X=0$	$X=1$
S_0	$S_1/0$	$S_0/0$
S_1	$S_2/0$	$S_0/0$
S_2	$S_2/0$	$S_0/1$

表5.2 状態割当

状態名	状態変数	
	y_1	y_0
S_0	0	0
S_1	0	1
S_2	1	0

たとする。3状態であるのでフリップフロップ2個で構成し，フリップフロップの入力信号を Y_1, Y_0，出力信号を y_1, y_0 とする。

この状態割当を用いて，表5.1を書き換えると，**表5.3** の組合せ回路部の真理値表が得られる。出力関数 Z，状態遷移関数 Y_1, Y_0 の実現例として，以下の論理式が得られる。

$$Z = X \cdot y_1 \cdot \overline{y_0}$$
$$Y_1 = \overline{X} \cdot (y_1 + y_0)$$
$$Y_0 = \overline{X + (y_1 + y_0)}$$

ただし，定義されていない状態 $(y_1, y_0) = (1,1)$ に対する出力は0でも1でもよい（ドントケア）として扱っている。

表5.3 真理値表

X	y_1	y_0	Y_1	Y_0	Z
0	0	0	0	1	0
1	0	0	0	0	0
0	0	1	1	0	0
1	0	1	0	0	0
0	1	0	1	0	0
1	1	0	0	0	1

この論理式を満たす組合せ回路部を構成したのが，**図5.7** の回路例である。

さらに，この順序回路から状態 $S_3 = (1,1)$ も含めた状態遷移図を描くと**図5.8** となる。なお，状態 S_1 と状態 S_3 は入力値に応じた遷移先・出力値がともに等しいため，等価な状態であるという。また，状態 S_3 はほかの状態から到

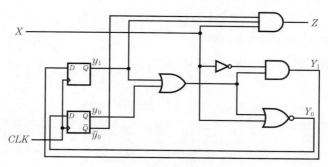

図 5.7 順序回路例

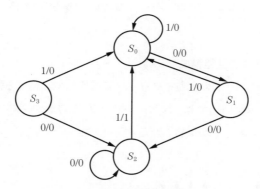

図 5.8 順序回路の状態遷移図

達できないため，到達不能状態と呼ばれる。順序回路の設計において到達不能
状態が現れた場合には，必ず定義された状態へ遷移できるようにするか，ある
いはリセット付きフリップフロップを用いて，初期状態の設定が行えるように
することが必要となる。

 5.2 レ ジ ス タ

　レジスタとは，複数ビットのデータを一時格納する回路ブロックである。
CPU 内には記憶内容に応じて専用のレジスタがいくつか設けられている。

CPU 内部で記憶するデータとしては，命令，被演算数，プログラムの実行箇所，演算結果，演算結果の特徴を表すフラグなどが挙げられる。

表 5.4 にレジスタと記憶内容の対応を示す。

表 5.4　レジスタと記憶内容の対応

レジスタ名	記憶内容
汎用レジスタ	被演算数・演算結果など（指標レジスタとしても）
命令レジスタ	メモリから読み出された命令
プログラムレジスタ	実行する命令のメモリ上の記憶場所（アドレス）
フラグレジスタ	条件分岐に用いられる演算結果の特徴を表す各種フラグ（5.2.2項）

5.2.1　レジスタの回路構成

レジスタは複数ビットの入力をクロックに同期して記憶する回路ブロックである。図 5.9 に示す回路では，n ビットの入力 A の値がクロックパルスに同期して記憶され，出力 Y が更新される。

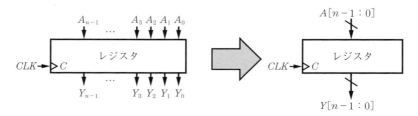

図 5.9　n ビットレジスタ

D フリップフロップを用いたレジスタの回路構成例として，図 5.10 に 16 個の D フリップフロップからなる 16 ビットレジスタの内部回路を示す。フリップフロップをビット幅の個数用意し，同一クロックに接続することで実装したものである。クロックのポジティブエッジのタイミングで，入力 A [15：0] の値が出力 Y [15：0] に伝わる。

レジスタのビット幅をレジスタ長と呼ぶ。レジスタ長を一つの単位として

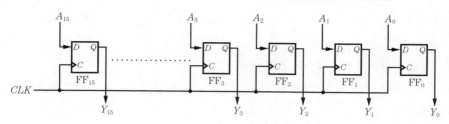

図 5.10 16 ビットレジスタの内部回路

ワード（語）と呼ぶ。命令の符号化に用いるビット幅は，ワードを単位として
決定される。命令はその長さにより，1 ワード命令，2 ワード命令などと呼ば
れる。

5.2.2 コンピュータで使用する各種レジスタ

〔1〕 命令レジスタ（**IR**）

CPU が実行しようとする命令は，メモリから**命令レジスタ**（**IR**）にコピー
される。命令レジスタに格納された命令はデコーダにおいてその処理内容，処
理対象が解読され，処理内容に応じた制御信号が ALU などの各ブロックへ供
給される。

〔2〕 汎用レジスタ（**GR**）

CPU 内にある演算処理の対象および演算結果の格納場所となるレジスタを，
汎用レジスタ（**GR**：general register）と呼ぶ。演算対象となるデータは，命
令に従って汎用レジスタに格納される。汎用レジスタは複数用意されており，
どの汎用レジスタに値を格納するのかは命令によって指定される。

〔3〕 フラグレジスタ（**FR**）

プログラムでは，演算結果に従ってつぎの処理を選択する分岐が重要な要素
である。ALU による数値演算の結果が 0 である，あるいはマイナスである，
ゼロ除算のような不正な演算である，などの演算結果の特徴が格納されるのが
フラグレジスタ（**FR**：flag register）である。

フラグレジスタには，**OF**（overflow flag），**SF**（sign flag），**ZF**（zero flag）

などが存在する。フラグレジスタの値は演算結果とともに判断され，処理の制御に用いられる。

（a）　オーバーフローフラグ（OF）

演算のオーバーフローが発生したときに OF = 1 となる。ここで，演算結果が指定ビット幅で表現できる数値に収まらないことをオーバーフローと呼ぶ。

例えば，255 + 1 = 256 の演算は 2 進数では 11111111 + 1 = 100000000 となるが，ビット幅が 8 で符号なし演算を行うとすると，表現できる数値範囲は 0 〜 255 であるため，256 を表すことができない。もし演算を行ってしまうと**図 5.11** のように演算結果の最上位桁があふれ，11111111 + 00000001 = 00000000 と誤った結果となる。このような演算によりオーバーフローが発生した場合に，OF に 1 を記憶する。

	1	1	1	1	1	1	1	1	255
+	0	0	0	0	0	0	0	1	+ 1
	0	0	0	0	0	0	0	0	= 0 ?

図 5.11　オーバーフローの例

（b）　符号フラグ（SF）

演算結果の符号ビットを保持するのが符号フラグ（SF）である。符号付き数値演算の場合に，最上位ビットが保持される。

（c）　ゼロフラグ（ZF）

演算結果が 0 になったことを保持するのがゼロフラグ（ZF）である。

5.2.3　シフトレジスタ

シフトレジスタは，**図 5.12** の例のようにフリップフロップを連結して構成される回路で，各フリップフロップの出力が回路出力となり，入力した値がクロック印加ごとに出力側フリップフロップに一つずつ伝搬される。**図 5.13** に

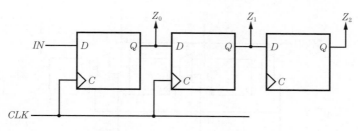

図 5.12 3 ビットシフトレジスタ

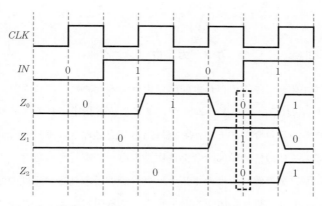

図 5.13 3 ビットシフトレジスタの動作波形

シフトレジスタの動作波形例を示す。入力された 010 という系列が 3 時刻後に出力値として取り出せる。このようにシフトレジスタは，時間的に連続して入力した値を並列に出力する，シリアル–パラレル変換回路として用いられる。

図 5.12 のシフトレジスタは入力 IN からの値のシフトのみ可能であるが，値を通常のレジスタのようにパラレルに設定可能な，ロード付きシフトレジスタの例を**図 5.14** に示す。制御用の入力 $LOAD$ とロード時の入力 $A = (A_2 A_1 A_0)$ を図 5.12 のシフトレジスタに追加している。入力 $LOAD = 0$ 時には，図 5.12 のシフトレジスタと同じ動作をし，$LOAD = 1$ を入力すると，入力 A からの値を記憶するレジスタとして動作する。

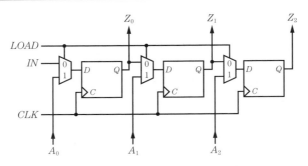

図 5.14　ロード付き 3 ビットシフトレジスタ

 ### 5.3 カ ウ ン タ

　命令をプログラムに定められた順序で実行するために，プログラムカウンタ
（PC）が用いられる。プログラムカウンタによって指定されるメモリアドレス
に記憶されている命令がメモリから読み出され，処理される。命令列は，指定
がなければメモリの格納順に命令を逐次読み出して実行される。この場合，プ
ログラムカウンタの値に命令の 1 ステップ分が加えられる。処理の分岐や繰り
返しなどでメモリの離れた箇所の命令を実行する際には，プログラムカウンタ
の値を書き換えるなどの処理が行われる。プログラムカウンタの回路は，**図
5.15** のように，逐次処理の場合は 1 ステップの命令長だけカウント値が加算さ
れ，分岐処理の場合には分岐先アドレスの読み込みが可能な構成となっている。

　プログラムカウンタの値を増やすためには，CPU 内部の ALU を加算器として
用いる**図 5.16** の構成を用いることが可能である。プログラムカウンタ内のレ

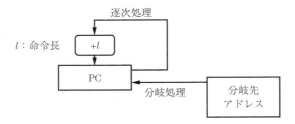

図 5.15　プログラムカウンタの設定

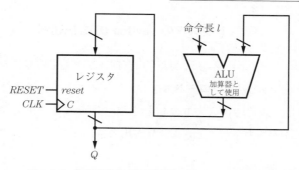

図 5.16   加算器とレジスタを用いるカウンタ回路例

ジスタに加算器によって命令長の値 l が加算され，カウント値 Q が更新される。

また，カウンタは最も基本的なステートマシンとしてさまざまな順序回路に用いられる。D フリップフロップを用いる 4 ビットカウンタの回路例を**図 5.17**に示す。このカウンタは内部状態（$Q_3Q_2Q_1Q_0$）の値が（0000）から（0001），（0010），（0011），…，（1111）まで，カウント値が 2 進数で 1 ずつ増えていくアップカウンタである。図の D フリップフロップは $reset = 1$ で内部状態が 0 にリセットされるものとする。$RESET$ 信号を 1 とすると，内部状態（$Q_3Q_2Q_1Q_0$）が 0 にリセットされる。$RESET$ 信号を 0 とするとカウント状態となる。

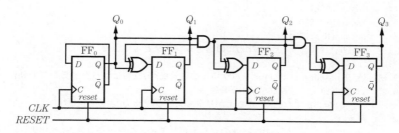

図 5.17   4 ビットカウンタの回路例

Q_0 の値は，1 クロックごとに反転するため 010101... と出力され，Q_1 の値は 2 クロックごとに 1 回反転し 00110011... と出力される。同様に，Q_2，Q_3 の出力はそれぞれ 4 クロックごと，8 クロックごとに 1 回反転するため，クロック信号 CLK の印加ごとにカウント値（$Q_3Q_2Q_1Q_0$）が 1 ずつ増加する。

5.4　レジスタの Verilog HDL 記述例

　図 **5.18** のブロック図に示されるような同期式リセット機能付き N ビットレジスタ（$N=8$）の記述例を**コード 5.1** に示す。クロックの立ち上がりタイミングで動作し，通常時は入力 Ð の信号を取り込み Q より出力する。また，RESET 信号に 1 が入力されると Q より 0 が出力される。

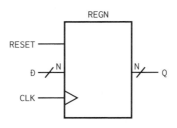

図 5.18　同期式リセット機能付き N ビットレジスタ

コード 5.1　同期リセット機能付き N ビットレジスタの記述例【REGN.v】

```
 1 module REGN (CLK,RESET,Ð,Q);
 2     parameter N=8;              //ビット数Nを指定
 3     input CLK;
 4     input RESET;
 5     input[N-1:0]Ð;
 6     output[N-1:0]Q;
 7     reg[N-1:0]Q;          //出力Qの値をレジスタとして保持
 8
 9 always @(posedge CLK)begin  //クロック信号CLKの立ち上がりタイミングで動作
10     if (RESET)      //RESET = 1の場合
11         Q <= 0;      //CLKの立ち上がりタイミングで出力Qより0を出力
12     else
13         Q <= Ð;      //入力ÐをCLKの立ち上がりタイミングで取り込みQへ出力
14 end
15 endmodule
```

　テストベンチの記述例を**コード 5.2** に示し，シミュレーション結果例を**図 5.19** に示す。まず，取り込み機能を確認するために，入力信号 Ð に対して，00000000 を入力し，クロックの立ち上がりタイミングで出力信号 Q より出力されていることを確認している。その後，リセット機能を確認するために，入

コード 5.2 同期リセット機能付き *N* ビットレジスタのテストベンチ例【REGN_sim.v】

```verilog
 1 `timescale 1ns / 1ps
 2
 3 module REGN_sim(
 4
 5     );
 6     parameter WB_PERIOD = 10.0;
 7     parameter N=8;
 8     reg sim_CLK= 1'b0;
 9     reg sim_RESET = 1'b0;
10     reg [N-1:0]sim_D = 8'b00000000;
11     wire [N-1:0] sim_Q;
12
13     initial begin
14         sim_CLK = 1'b0;
15         sim_RESET = 1'b0;
16         sim_D = 8'b00000000;
17         #10
18         sim_RESET = 1'b0;
19         sim_D = 8'b11111111;      //リセット機能チェック（オール1をロード）
20         #10
21         sim_RESET = 1'b1;         //リセット機能チェック（リセット実行）
22         sim_D = 8'b11111111;
23         #10
24         sim_RESET = 1'b0;
25         sim_D = 8'b01010101;      //01010101をロード
26         #10
27         sim_RESET = 1'b0;
28         sim_D = 8'b10101010;      //10101010をロード
29         #10
30     $finish;
31     end
32
33     always#(WB_PERIOD/2)begin
34     sim_CLK = ~sim_CLK; //WE_PERIOD = 5 nsごとにCLKの値を反転する
35     end
36
37   REGN  REGN0(
38         .CLK(sim_CLK),
39         .RESET(sim_RESET),
40         .D(sim_D),
41         .Q(sim_Q)
42     );
43
44 endmodule
```

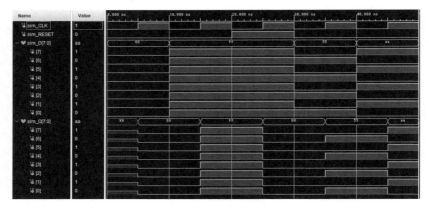

図 5.19　同期リセット機能付き N ビットレジスタのシミュレーション結果例

力信号 Ð に対して 11111111 を入力し，出力信号 Q からクロックの立ち上がり
タイミングで取り込まれ，出力信号 Q より 11111111 が出力されていることを
確認した上で，入力信号 Ð を 11111111 に保ったままとする。この後，リセッ
ト機能を確認するために，リセット信号 RESET に 1 を入力することで，出力信
号 Q よりクロックの立ち上がりタイミングで 00000000 が出力されていること
の確認を行っている。

 ## 5.5　シフトレジスタの Verilog HDL 記述例 1

図 5.20 のブロック図に示されるような D フリップフロップによる 4 ビット
シフトレジスタの記述例を**コード 5.3** に示す。入力 Ð の値がクロックの立ち
上がりタイミングで Q[0] から Q[3] までシフトされる。また，テストベンチの

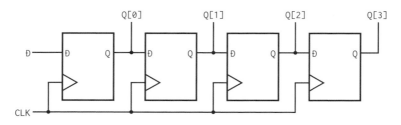

図 5.20　D フリップフロップによる 4 ビットシフトレジスタ

コード 5.3 D フリップフロップによる 4 ビットシフトレジスタの記述例【SHIFT_DFF.v】

```
 1 module SHIFT_DFF(
 2     input CLK,
 3     input D,
 4     output [3:0] Q
 5     );
 6
 7     reg [3:0] Q=4'b0000;    //4ビットレジスタ
 8
 9     always@ (posedge CLK) begin
10             Q[0]  <= D; //入力Dの値をレジスタQの0ビット目に代入
11             Q[1]  <= Q[0];  //Qの0ビット目を1ビット目に代入
12             Q[2]  <= Q[1];  //Qの1ビット目を2ビット目に代入
13             Q[3]  <= Q[2];  //Qの2ビット目を3ビット目に代入
14     end
15 endmodule
```

記述例を**コード 5.4** に示し，シミュレーション結果例を**図 5.21** に示す。まず，入力信号 D に対して，10 ns の期間 0 を入力し，その後 50 ns（5 クロック）の期間 1 を入力し，各フリップフロップの出力 Q[0] から Q[3] まで伝搬していることを確認することで，シフトレジスタとしての動作を確認している。

コード 5.4 D フリップフロップによる 4 ビットシフトレジスタのテストベンチ例
【SHIFT_DFF_sim.v】

```
 1 `timescale 1ns / 1ps
 2
 3 module SHIFT_DFF_sim(
 4     );
 5
 6     parameter WB_PERIOD = 10.0;    //変数WB_PERIODに10.0を代入
 7     //シミュレーション対象の回路に対して印加する信号の定義
 8     reg sim_CLK = 1'b0;
 9     reg sim_D =1'b0;
10     //シミュレーション対象の回路の出力信号を観測する信号の定義
11     wire [3:0]sim_Q;
12     //時系列で信号を印加
13     initial begin
14         sim_CLK = 1'b0;
15         #10
16         sim_D = 1'b1;
17         #50 //シミュレーションの刻みを基準として遅延を発生(1 ns×50 = 50 ns)
```

```
18      sim_D=1'b0;
19      #50
20      $finish;
21      end
22
23   //シミュレーション対象の回路に印加するクロックの生成
24   always#(WB_PERIOD/2)begin    //5 nsごとに以下を繰り返す
25      sim_CLK = ~sim_CLK;    //sim_CLKを反転する
26   end
27
28   //自作回路インスタンス化（シミュレーション対象回路とテストベンチを接続）
29   SHIFT_DFF SHIFT_DFF0(    //シミュレーション対象回路　テストベンチ
30      .CLK(sim_CLK),
31      .D(sim_D),
32      .Q(sim_Q)
33   );
34 endmodule
```

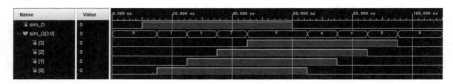

図 5.21 D フリップフロップによる 4 ビットシフトレジスタのシミュレーション結果例

5.6　シフトレジスタの Verilog HDL 記述例 2

図 5.22 のブロック図に示されるような同期リセット機能付き 4 ビットシフトレジスタの記述例を**コード 5.5** に示す。入力 D の値がクロックの立ち上がりタイミングで Q[0] から Q[3] までシフトされる。また，RESET に 1 が入力されると，各ビットの出力 Q が 0 に初期化される。加えて，テストベンチの記述例を**コード 5.6** に，シミュレーション結果例を**図 5.23** に示す。まず，入力信号 D に対して 10 ns の期間 0 を入力し，その後 1 を 10 ns 継続して入力して，各フリップフロップで出力 Q[0] から Q[3] まで伝搬していることを確認することで，シフトレジスタとしての動作を確認している。100 ～ 110 ns（11 クロック目）の期間で RESET に対して 1 を入力することで，リセット機能も確認している。

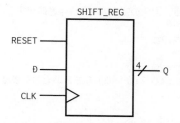

図5.22 同期リセット機能付き4ビットシフトレジスタ

コード5.5 同期リセット機能付き4ビットシフトレジスタの記述例【SHIFT_REG.v】

```
 1 module SHIFT_REG(
 2     input CLK,
 3     input RESET,
 4     input Ð,
 5     output [3:0] Q
 6     );
 7
 8     reg [3:0] Q=4'b0000;
 9
10     always@ (posedge CLK) begin
11        if(RESET)begin
12            Q    <=  4'b0000;
13        end
14        else begin
15            Q  <= {Q[2:0],Ð}; //3:1ビット→2:0ビット, 0ビット→Ð
16        end
17     end
18 endmodule
```

コード5.6 同期リセット機能付き4ビットシフトレジスタのテストベンチ例
【SHIFT_REG_sim.v】

```
 1 `timescale 1ns / 1ps
 2
 3 module SHIFT_REG_sim.v(
 4     );
 5
 6     parameter WB_PERIOÐ = 10.0;    //変数WB_PERIOÐに10.0を代入
 7     //シミュレーション対象の回路に対して印加する信号の定義
 8     reg sim_CLK = 1'b0;
 9     reg sim_RESET = 1'b0;
10     reg sim_Ð =1'b0;
```

```
11    //シミュレーション対象の回路の出力信号を観測する信号の定義
12    wire [3:0]sim_Q;
13    //時系列で信号を印加
14    initial begin
15        sim_CLK = 1'b0;
16        #10   //シミュレーションの刻みを基準として遅延を発生(1 ns×10 = 10 ns)
17        sim_Ð = 1'b1;
18        #10
19        sim_Ð = 1'b0;
20        #50
21        sim_Ð = 1'b1;
22        #10
23        sim_Ð = 1'b0;
24        #20
25        sim_RESET = 1'b1;
26        #10
27        sim_RESET = 1'b0;
28        #20
29        $finish;
30        end
31
32    //シミュレーション対象の回路に印加するクロックの生成
33    always#(WB_PERIOÐ/2)begin    //5 nsごとに以下を繰り返す
34        sim_CLK = ~sim_CLK;   //sim_CLKを反転する
35        end
36
37    //自作回路インスタンス化(シミュレーション対象回路とテストベンチを接続)
38    SHIFT_REG SHIFT_REG0(    //シミュレーション対象回路　テストベンチ
39        .CLK(sim_CLK),
40        .RESET(sim_RESET),
41        .Ð(sim_Ð),
42        .Q(sim_Q)
43    );
44 endmodule
```

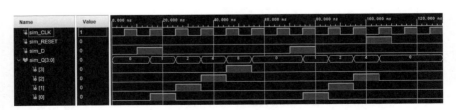

図 5.23　同期リセット機能付き 4 ビットシフトレジスタのシミュレーション結果例

5.7 カウンタの Verilog HDL 記述例 1

図 5.24 のブロック図に示されるようなカウンタ（T フリップフロップ）の Verilog HDL 記述例を**コード 5.7** に示す。左端の T フリップフロップがクロックの立ち上がりタイミングで反転動作し，その出力 Q が右側の T フリップフロップに伝搬していくことで，カウント動作する。

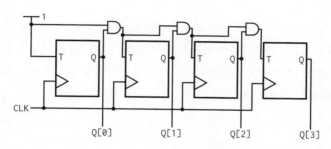

図 5.24 カウンタ（T フリップフロップ）

コード 5.7 カウンタ（T フリップフロップ）の Verilog HDL 記述例【COUNTER_TFF.v】

```
 1  module COUNTER_TFF(
 2      input CLK,
 3      output [3:0] Q
 4      );
 5
 6      reg [3:0] Q=4'b0000;
 7      reg [3:0] T=4'b0001;    //0ビット目のTフリップフロップの入力を1に固定
 8      always@* T[1] = Q[0] & 1;
 9      always@* T[2] = Q[1] & T[1];
10      always@* T[3] = Q[2] & T[2];
11
12      always@ (posedge CLK) begin
13          if(T[0]==1)     //0ビット目のTフリップフロップ動作
14          Q[0] = ~Q[0];
15          else if(T[0]==0)
16          Q[0] = Q[0];
17          if(T[1]==1)     //1ビット目のTフリップフロップ動作
18          Q[1] = ~Q[1];
19          else if(T[1]==0)
20          Q[1] = Q[1];
```

```
21      if(T[2]==1)        //2ビット目のTフリップフロップ動作
22      Q[2] = ~Q[2];
23      else if(T[2]==0)
24      Q[2] = Q[2];
25      if(T[3]==1)        //3ビット目のTフリップフロップ動作
26      Q[3] = ~Q[3];
27      else if(T[3]==0)
28      Q[3] = Q[3];
29    end
30 endmodule
```

　テストベンチの記述例を**コード 5.8** に示し，シミュレーション結果例を**図 5.25** に示す。クロック信号の立ち上がりのタイミングでカウントアップし，1111 に到達後 16 クロック目でオーバーフローが発生し，0000 に遷移していることを確認している。

コード 5.8 カウンタ（T フリップフロップ）のテストベンチ例【COUNTER_TFF_sim.v】

```
 1 `timescale 1ns / 1ps
 2 module COUNTER_TFF_sim(
 3     );
 4
 5    reg sim_CLK=1'b0;
 6    wire [3:0]sim_Q;
 7    parameter WB_PERIOĐ =10.0;
 8
 9    initial begin
10    sim_CLK=1'b0;
11    #(WB_PERIOĐ * 16) $finish;
12    end
13
14    always#(WB_PERIOĐ/2)begin    //5 nsごとに以下を繰り返す
15        sim_CLK = ~sim_CLK;    //sim_CLKを反転する
16    end
17
18    COUNTER_TFF COUNTER_TFF0(
19        .CLK(sim_CLK),
20        .Q(sim_Q)
21    );
22
23 endmodule
```

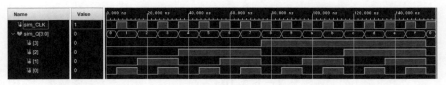

図 5.25 カウンタ（T フリップフロップ）のシミュレーション結果例

5.8 カウンタの Verilog HDL 記述例 2

図 5.26 のブロック図に示されるような同期リセット機能付き 4 ビットカウンタの記述例を**コード 5.9** に示す。if 文により，RESET 信号に 1 が入力された場合か COUNT が 16 進数の F までカウントした場合に COUNT が 0 に戻り，それ以外はカウントアップ動作する。

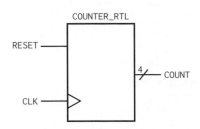

図 5.26 同期リセット機能付き 4 ビットカウンタ

コード 5.9 同期リセット機能付き 4 ビットカウンタの記述例【COUNTER_RTL.v】

```
1  module COUNTER_RTL(
2  input RESET,
3  input CLK,
4  output [3:0]COUNT
5  );
6
7  reg [3:0] COUNT;      //カウント値を記憶するためのレジスタ
8
9  always @(posedge CLK)begin
10     if (RESET == 1'b1 | COUNT == 4'hF)begin //RESETが1またはCOUNTがFまでカウントした場合
11         COUNT <= 4'h0;  //COUNTに0を代入
12     end
13     else begin
14         COUNT <= COUNT + 4'h1;  //COUNTに1を足して代入
```

```
15|     end
16| end
17| endmodule
```

テストベンチの記述例を**コード 5.10** に示し，シミュレーション結果例を**図 5.27** に示す。クロック信号の立ち上がりのタイミングでカウントアップし，1111 に到達した時点でオーバーフローにより 16 クロック目で 0000 に遷移していることを確認している。60 ～ 70 ns（7 クロック目）の期間では RESET に対して 1 を入力することで，出力が 0000 に遷移しており，リセット機能を確認している。

コード 5.10　同期リセット機能付き 4 ビットカウンタのテストベンチ例
【COUNTER_RTL_sim.v】

```
 1| `timescale 1ns / 1ps
 2|
 3| module COUNTER_RTL_sim(
 4|     );
 5|
 6|     parameter WB_PERIOD = 10.0;
 7|     reg sim_CLK = 1'b0;
 8|     reg sim_RESET = 1'b0;
 9|     wire [3:0]sim_COUNT;
10|     initial begin
11|         sim_CLK = 1'b0;
12|         sim_RESET = 1'b1;
13|         #10
14|         sim_RESET = 1'b0;
15|         #50
16|         sim_RESET = 1'b1;
17|         #10
18|         sim_RESET = 1'b0;
19|         #(WB_PERIOD * 16) $finish;
20|         end
21|
22|     always#(WB_PERIOD/2)begin
23|         sim_CLK = ~sim_CLK;
24|     end
25|
26|     COUNTER_RTL COUNTER_RTL0(
27|         .CLK(sim_CLK),
```

```
28        .RESET(sim_RESET),
29        .COUNT(sim_COUNT)
30      );
31 endmodule
```

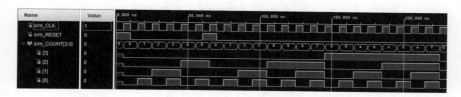

図 5.27　同期リセット機能付き 4 ビットカウンタのシミュレーション結果例

演 習 問 題

1 図 5.28 の順序回路が 1 を出力する入力系列を示しなさい。

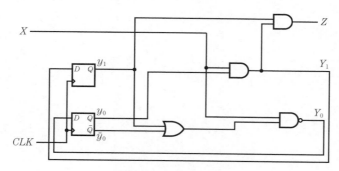

図 5.28　順序回路例

2 直近の 3 時刻の入力系列が 101 であるとき 1 を出力し，それ以外では 0 を出力する 1 入力 1 出力の順序回路の動作を表すステートマシンを描きなさい。

3 図 5.29 の回路はジョンソンカウンタと呼ばれる順序回路である。この回路の状態遷移図を示し，初期状態が $(Q_2Q_1Q_0) = (000)$ であるときのタイミングチャートを 7 クロック分描きなさい。

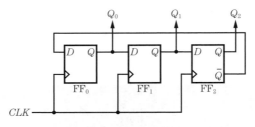

図 5.29 ジョンソンカウンタ

④ 以下の回路に関して，Verilog HDL で設計し，シミュレーションで動作確認しなさい。

（a） D フリップフロップによる 4 ビットレジスタ

（b） ロード機能付きの 16 進カウンタ

（c） 5.8 節の同期リセット機能付き 4 ビットカウンタについて，つぎの仕様のフラグ出力信号 F を追加したもの

　　　→　10 進数の 0 〜 7 の場合に $F=0$，8 〜 15 の場合に $F=1$ となる

（d） 4 ビットのダウンカウンタ

6

演 算 要 素

本章では，CPU 内部の演算装置である ALU について，その基本的な演算要素
を紹介する。

6.1 演 算 装 置

算術論理演算装置（ALU） はレジスタあるいはメモリに記憶されたデータ
に対して演算を行い，結果をレジスタあるいはメモリに書き出す役割を持って
いる。**図 6.1** に ALU の構成の一例を示す。ALU は制御信号により，演算機能
を選択できるようになっており，選択された機能に応じて，入力・内部回路・
出力の選択が行われる。

本節では，ALU 単体の機能のうち，加算，比較，シフト，乗算などの演算
器の基本的動作について述べる。

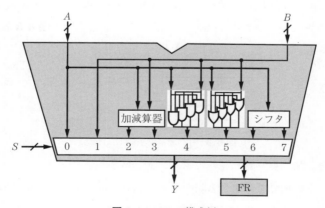

図 **6.1** ALU の構成例

なお，各演算器についても論理関数をもとに設計することが可能であるが，ここではビット数に応じた設計が理解しやすい，構造的な設計について述べる。

6.1.1 加　算　器

本項では，整数の加算器について述べる。加算回路は 1 桁分の加算を行う半加算器・全加算器を組み合わせて構成される。

〔1〕 半 加 算 器

加算器の基本となる 1 ビットの数値の加算を行う**半加算器**（**HA**：half adder）を**図 6.2** に示す。2 進 1 ビットの二つの数値 A，B の加算結果を示すためには，2 桁必要である。和の下位ビットを 1 桁目の和の意の S(sum)，和の上位ビットを桁上がりの意の C_{OUT}(carry-out) と表記する。

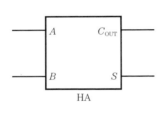

A	B	C_{OUT}	S
0	0	0	0
0	1	0	1
1	0	0	1
1	1	1	0

（a）　回路記号　　　　　　　（b）　真理値表

図 6.2　半加算器

図 6.2（b）の真理値表から，C_{OUT} は A,B の XOR 演算，S は A,B の AND 演算結果に等しいことがわかる。したがって，半加算器は**図 6.3** の論理回路で実現できる。

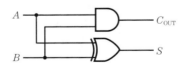

図 6.3　半加算器の論理回路例

〔2〕 全 加 算 器

複数ビットの加算を考慮する際の各桁の加算では，下の桁からの桁上がりを加算する必要がある。**全加算器**（**FA**：full adder）は，下位ビットからの桁上

がりを含めた1ビット加算器である。

全加算器は，**図6.4**（a）に示すように，入力が被演算数 A, B と下位ビットからの桁上がり入力 C_{IN} の三つ，出力が和の対象桁の値 S と上位ビットへの桁上がり C_{OUT} の，3入力2出力回路である。加算結果の出力 C_{OUT}, S は，図6.4（b）の真理値表に示すようになる。各出力関数は，C_{OUT} が A, B, C_{IN} のうち，0 が多いか，1が多いかを出力する多数決関数，S が A, B, C_{IN} の XOR 関数になっている。

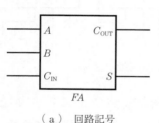

A	B	C_{IN}	C_{OUT}	S
0	0	0	0	0
0	0	1	0	1
0	1	0	0	1
0	1	1	1	0
1	0	0	0	1
1	0	1	1	0
1	1	0	1	0
1	1	1	1	1

（a） 回路記号 （b） 真理値表

図6.4　全加算器

全加算器を実現する論理回路の例を**図6.5**に示す。この例では，出力 C_{OUT} を多数決回路，出力 S を3入力の XOR ゲートで構成している。別の構成として，図4.14 に示したように半加算器二つを組み合わせることでも実現可能で

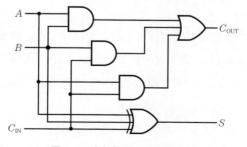

図6.5　全加算器の論理回路例

ある。

〔3〕 複数ビットの加算器

全加算器を桁数個用いて**図 6.6** のように接続すると複数ビットの数値の和が得られる。これは**桁上げ伝搬加算器**（**RCA**：ripple carry adder）と呼ばれる回路で，各桁の加算を行う全加算器の桁上がり入力 C_{IN} に下位の全加算器の桁上がり出力 C_{OUT} を接続した構成となっている。最下位の全加算器の桁上がり入力は 0 に固定する。最下位の加算には半加算器を用いてもよい。

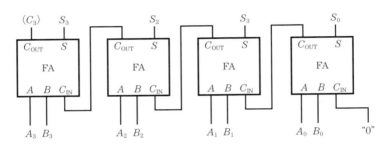

図 6.6　4 ビット桁上げ伝搬加算器の回路例

複数ビットの加算を行う回路には，RCA のほかにも遅延を短く抑える**桁上げ先見加算器**（**CLA**：carry lookahead adder），**桁上げ保存加算器**（**CSA**：carry save adder）などが存在する。

〔4〕 加 減 算 器

2 の補数を用いて減算を負数の加算として扱うと，加算回路による減算が可能となる。例えば，$A-B$ の演算は，B を負数にし，$A+(-B)$ と扱うことで加算に変換できる。

加算回路に B を負数にして加算する機能を追加した回路が，**図 6.7** の加減算器である。この回路は入力 $SUB=0$ とすると図 6.6 と等価な加算器として動作し，$SUB=1$ とすると $(-B)$ の 2 の補数を A に加算する回路，つまり $A+(-B)=A-B$ を行う減算器として動作する。

加減算器では，B の各桁に XOR ゲートが追加されている。$SUB=0$ ではこの XOR ゲートの出力 B' は $B'=B$ であるため B と同値になる。また，最下位

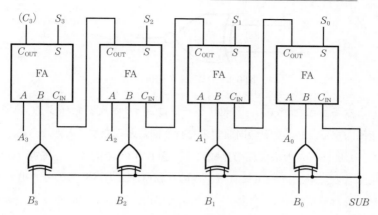

図6.7 4ビット加減算器の回路例

桁の全加算器の桁上がり入力にも SUB が接続されているので，$SUB=0$ ではA ＋B＋0の演算を行うことになり，図6.6と等価な加算器として動作する。

一方，$SUB=1$ の場合，B は XOR ゲートで反転され $B'=\overline{B}$ となる。各桁反転されるので，1の補数表現された $(-B)$ の値が加算器に供給される。さらに，加算器の最下位桁にある全加算器の桁上がり入力が $SUB=1$ であるので，加算器の演算は $A+(-B\,\text{の}1\text{の補数表現})+1=A+(-B\,\text{の}2\text{の補数表現})$ となり，結果 $A-B$ の減算を行うこととなる。

6.1.2 比 較 器

数値の比較には算術比較と論理比較の2種類があり，算術比較では符号付き数値，論理比較では符号なし数値として比較を行う。判定結果はフラグレジスタに記憶される。

二つの数値の比較を行う比較器の回路例として，同値を判定する回路，大小を判定する回路，それらを同時に出力する回路，の3種を紹介する。

〔1〕 1ビットの比較

1ビットの値の比較には，つぎの基本ゲートを用いることができる。

1ビットの値 A,B が同値か否かは，**図6.8** のように，XNOR ゲートを用いることで実装できる。XNOR ゲートの出力は，$A=B$ であれば1，A と B が異な

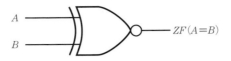

図 6.8　1 ビットの同値判定

れば 0 となる。したがって，XNOR ゲートは $A = B$ が真であれば 1，偽であれ
ば 0 を出力する，1 ビットの同値判定を行う回路とみなすことができる。

　また，1 ビットの大小関係の比較には，**図 6.9** の AND ゲートを用いた回路
が利用できる。AND ゲートに A と，B の反転値が入力されるので，出力 $SF =$
1 となるのは $(A,B) = (1,0)$ のときのみである。$A > B$ の条件を満たすのも
$(A,B) = (1,0)$ のみであるから，出力論理関数 $A \cdot \overline{B}$ は $A > B$ が真か偽かを表す，
とみなすことができる。

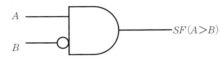

図 6.9　1 ビットの大小判定

　加えて，大小・同値の判定を出力する回路として，**図 6.10** の**大小比較器**
（magnitude comparator）がある。入力 A,B に対して，$A > B$ であれば SF に 1
を出力，$A = B$ であれば ZF に 1 を出力する。また，$A < B$ である場合は出力
$\overline{SF}$ が 1 となる。

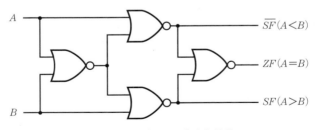

図 6.10　1 ビットの大小比較器

〔2〕　**複数ビットの比較**

　n ビット比較器を各ビットの比較・同値判定をもとに構成する例を**図 6.11**

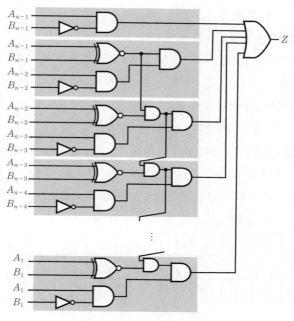

図 6.11　n ビットの比較器

に示す。この回路は，$A[n-1:0]$ と $B[n-1:0]$ との比較において，$A>B$ であれば $Z=1$，それ以外であれば $Z=0$ となる比較器である。$A>B$ である条件はつぎのように分けることができる。

① 最上位ビット $A[n-1]>B[n-1]$ である。

② 第 j ビットにおいて，上位ビット $A[n-1:j+1]$，$B[n-1:j+1]$ がすべて等しく，かつ $A[j]>B[j]$ である。

〔**3**〕　**減算による比較**

〔2〕で述べた比較器は正数のみ比較が可能で，符号付き数値は比較できない。符号付き数値 A,B の比較としては，$A-B$ の演算結果を用いる減算結果の符号ビットによって A が大きいか B が大きいかが判定できる。減算を行う回路例には 6.1.1 項〔4〕の加減算器がある。ただし，演算結果がオーバーフローとなる場合は，符号ビットが比較結果として使えないことに注意する。

6.1.3 シフト演算器

〔1〕 論理シフトと算術シフト

シフト演算には，論理シフトと算術シフトの2種がある。論理シフトは，単にビット列を左・右にずらすだけであるのに対し，算術シフトは，ビット列をずらした際に数値が基数倍されることを考慮して，その正負の符号が正しく維持されるようにビット演算が行われる。

図6.12に論理シフトの例を示す。論理シフトでは左右へビットパターンをずらした際に，空いたビットには0を埋める。図6.12の例のように，論理左シフトの場合は最下位ビット，論理右シフトの場合は最上位ビットを0とする。

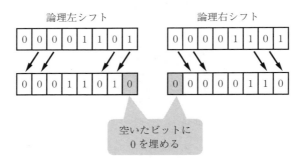

図6.12 論理シフトの例

図6.13に示す算術シフトでは，正負を正しく反映するため最上位ビットの符号ビットは保持し，左へのシフト時に最下位ビットに0を，右へのシフト時に上位2ビットに符号ビットを埋める。算術シフトの具体例として，正数の場合と負数の場合のシフト演算を図6.13（a），（b）にそれぞれ示す。

正数13を表すビット列（00001101）に対しての算術シフトは，図6.13（a）のように行われる。論理シフトと異なり，符号ビットが保持されることに注意する。算術左シフト結果は（00011010）となり，これは13の2倍の26と等しくなる。なお，符号ビットのつぎのビットが1である数値に対して算術左シフトを行うと，2倍の値とはならずオーバーフローとなることに注意する。数値13の算術右シフト結果は（00000110）となり，これは13を2で割った6と等しくなる。

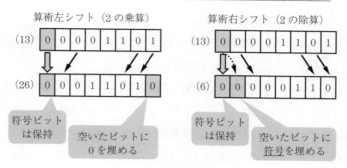

（ a ） 正数の場合

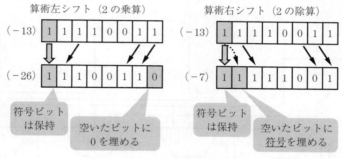

（ b ） 負数（2の補数表現）の場合

図 6.13 算術シフトの例

　負数−13を2の補数表現したビット列（11110011）に対しての算術シフト
は，図6.13（b）のように行われる。算術シフトでの符号ビットの扱いは図
6.13（a）の正数の場合と同じである。算術左シフト結果は（11100110）と
なり，これは−13の2倍の−26を表している。正数の場合と同様に，符号ビッ
トのつぎのビットが0である数値では2倍した値が表現可能な範囲外にあり，
オーバーフローとなる。したがって，この場合は算術左シフト結果も2倍の値
とはならないことに注意する。数値−13の算術右シフト結果は（11111001）
となり，2で割った値−7を表している。上位2ビットをともに符号ビットの
1としているため，数値演算として正しい結果が得られる。

〔2〕 シフト演算の回路例

固定ビットのシフト演算回路は，入力信号と出力信号をシフトするビット数分ずらして接続することで実現可能である。

シフト演算回路（シフタ）の回路例を**図6.14**に示す。この回路は，入力 $A = (A_3A_2A_1A_0)$ に対する $1 \sim 3$ ビットまでの右シフトを制御入力 S_1S_0 で指定することが可能である。入力 ARI は算術シフトと論理シフトの指定に用いられる。算術シフトを行う際に $ARI = 1$ とすることで，シフト後の上位の空きビットに符号ビット（A_3）を埋めたビットパターンが出力される。論理シフトを行う際は $ARI = 0$ とすることで，上位の空きビットに 0 が埋められる。

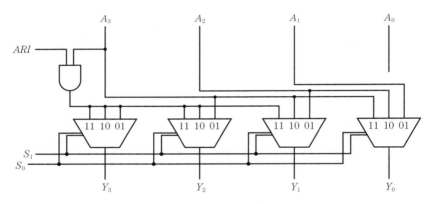

図6.14　シフト演算回路（右シフト）

シフタ回路を繰り返し利用することで，任意のビットシフトに対応できる。また，論理シフトについては 5.2.3 項のシフトレジスタを用いて実現することも可能である。

6.1.4 乗　算　器

ここでは乗算器の回路について考える。1 ビットの乗算は AND 演算と等価であるが，複数ビットの乗算についてはさまざまな構成が存在する。例えば，2 ビットの数値 $A = (A[1]A[0])$，$B = (B[1]B[0])$ の乗算器を実現するには

- 演算結果 $C = (C[3]C[2]C[1]C[0])$ の各ビットの論理関数から回路を

構成する。

- A を B 回加算する。
- $A \times B = ((A[1]A[0]) \times B[1] \times 2 + (A[1]A[0]) \times B[0])$ であることから回路を構成する。

などの構成が考えられる。

図 6.15 は直接乗算器と呼ばれる乗算器で，数値 A, B の乗算を前述のシフト演算，加算を組み合わせて行うものである。

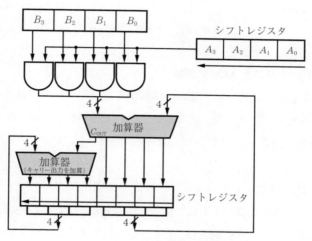

図 6.15　直接乗算器

乗算は A の最上位ビットから順に行われる。2 進数の乗算であるため，0 の場合は 0 を加算，1 の場合は B を加算することになる。A の最上位桁の演算が終わると，結果をシフトレジスタで左シフトし，つぎの桁の乗算結果を加算する。これを最下位桁まで繰り返すことで乗算結果が得られる。この直接乗算器は，積が得られるまでに桁数分のクロック時間が必要となる。

　一方，組合せ回路で実現する乗算器の例として，**図 6.16** の反復セル型乗算器がある。すべての部分積 $A_i B_j$ を求め，加算する構成になっている。反復セル型乗算器は 1 クロックで演算結果が得られる反面，回路面積は大きくなる。

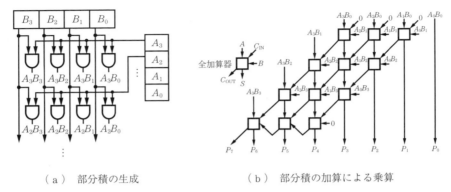

（ａ）　部分積の生成　　　　　（ｂ）　部分積の加算による乗算

図 6.16　反復セル型乗算器

6.1.5　データバスと ALU の接続

命令セットにおいては，同じ種類の演算でも被演算データの記憶場所がレジスタかメモリかなどによって，異なる命令として扱われる。命令に応じて生成される制御信号により，ALU への入力・出力先がレジスタ・メモリから選択される。

CPU 内では，ALU とレジスタ・メモリ間の接続にはデータバスが用いられる。データバスは複数信号を束ねた信号経路である。これらの接続を制御する信号は命令デコーダから供給され，1.2.2 項の例のようにデータバス経由でレジスタ・メモリと ALU が接続される。

 ## 6.2　演算装置の Verilog HDL 記述例

図 6.17 のブロック図に示されるような演算装置（ALU）の記述例を**コード 6.1** に示す。各動作は，クロックの立ち上がりタイミングで動作する。機能としては，まずリセット信号 RESET の立ち下がりで初期化され，8 ビットのレジスタである alu_result に格納されたのち，8 ビットの出力 ALU_OUT より 00000000 が出力される。演算機能に関しては，4 ビットの機能選択信号であるオペコード入力 OPCODE の値により，case 文で選択されて機能する。各オペ

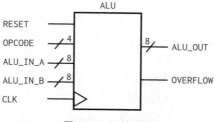

図 6.17 演算装置

コード 6.1 演算装置の記述例【ALU.v】

```
1  module ALU(
2      input CLK,
3      input RESET,
4      input [3:0] OPCODE,
5      input [7:0] ALU_IN_A,
6      input [7:0] ALU_IN_B,
7      output [7:0] ALU_OUT,
8      output OVERFLOW
9      );
10
11     reg[7:0] alu_result = 8'b00000000;
12     reg overflow_reg = 1'b0;
13     assign ALU_OUT = alu_result;
14     assign overflow = overflow_reg;
15
16     always @(posedge CLK or negedge RESET) begin
17         if(!RESET)begin
18             alu_result <= 8'b00000000;
19         end
20         else begin
21         case(OPCODE)
22         4'b0001: {overflow_reg, alu_result}  <= {1'b0, ALU_IN_A};
23         4'b0010: {overflow_reg, alu_result}  <= {1'b0, ALU_IN_B};
24         4'b0011: {overflow_reg, alu_result}  <= ALU_IN_A + ALU_IN_B;
25         4'b0100: {overflow_reg, alu_result}  <= ALU_IN_A - ALU_IN_B;
26         4'b0101: {overflow_reg, alu_result}  <= {1'b0, ALU_IN_A & ALU_IN_B};
27         4'b0110: {overflow_reg, alu_result}  <= {1'b0, ALU_IN_A | ALU_IN_B};
28         4'b0111: {overflow_reg, alu_result}  <= {1'b0, ~ALU_IN_A};
29         4'b1000: {overflow_reg, alu_result}  <= {1'b0, ~ALU_IN_B};
30         4'b1001: {overflow_reg, alu_result}  <= ALU_IN_A << ALU_IN_B;
31         4'b1010: {overflow_reg, alu_result}  <= ALU_IN_A >> ALU_IN_B;
32         default: {overflow_reg, alu_result}  <= 8'b00000000;
33         endcase
```

```
34 |              end
35 |       end
36 | endmodule
```

コードに対する機能を**表 6.1** に示す。オペコード 0001 ～ 1010 までは割り当てられた機能が動作し，その他の場合すなわち 0000 および 1011 ～ 1111 が入力された場合は，リセット時と同様に ALU_OUT より 00000000 が出力される。また，機能として加算（ADDL）および減算（SUBL），左シフト（SLL）および右シフト（SRL）を選択した場合は，オーバーフロー信号 OVERFLOW よりオーバーフローした値が出力される。

表 6.1 オペコードに対する機能一覧

アセンブリ言語	オペコード	機　能
（TRANS A）	0001	ALU_IN_A → ALU_OUT
（TRANS B）	0010	ALU_IN_B → ALU_OUT
ADDL	0011	ALU_IN_A + ALU_IN_B → ALU_OUT ※桁があふれた場合は OVERFLOW より桁あふれを出力する。
SUBL	0100	ALU_IN_A − ALU_IN_B → ALU_OUT ※桁があふれた場合は OVERFLOW より桁あふれを出力する。
AND	0101	ALU_IN_A & ALU_IN_B → ALU_OUT
OR	0110	ALU_IN_A | ALU_IN_B → ALU_OUT
（NOT A）	0111	~ALU_IN_A → ALU_OUT
（NOT B）	1000	~ALU_IN_B → ALU_OUT
SLL	1001	ALU_IN_A << ALU_IN_B → ALU_OUT ※桁があふれた場合は OVERFLOW より桁あふれを出力する。
SRL	1010	ALU_IN_A >> ALU_IN_B → ALU_OUT ※桁があふれた場合は OVERFLOW より桁あふれを出力する。
（RESET）	その他	00000000 → ALU_OUT

※ （）付きのものは本記述例特有の命令名

また，テストベンチを**コード 6.2** に示し，シミュレーション結果を**図 6.18** ～ **6.21** に示す。このテストベンチでは，まずリセットを実施して初期化を行った後，オペコード 0001 ～ 1010 を順番に実施し，その他の場合の機能を

コード 6.2 演算装置のテストベンチ例【ALU_sim.v】

```verilog
 1  `timescale 1ns / 1ps
 2
 3  module ALU_sim(
 4
 5      );
 6      parameter WB_PERIOD = 10.0;
 7      reg sim_CLK= 1'b0;
 8      reg sim_RESET = 1'b0;
 9      reg [3:0]sim_OPCODE = 4'b0000;
10      reg [7:0]sim_ALU_IN_A = 8'b00000000;
11      reg [7:0]sim_ALU_IN_B = 8'b00000000;
12      wire [7:0] sim_ALU_OUT;
13      wire sim_OVERFLOW;
14
15      initial begin   //初期値設定
16          sim_CLK = 1'b0;
17          sim_RESET = 1'b0;
18          sim_OPCODE = 4'b0000;
19          sim_ALU_IN_A = 8'b00000000;
20          sim_ALU_IN_B = 8'b00000000;
21          #10
22          sim_RESET = 1'b1;
23          sim_OPCODE = 4'b0001;   //スルー出力(入力A)
24          sim_ALU_IN_A = 8'b10101010; //入力A
25          #10
26          sim_OPCODE = 4'b0010;   //スルー出力(入力B)
27          sim_ALU_IN_B = 8'b11110000; //入力B
28          #10
29          sim_OPCODE = 4'b0011;  //加算
30          sim_ALU_IN_A = 8'b11111110; //入力A
31          sim_ALU_IN_B = 8'b00000010; //入力B
32          #10
33          sim_OPCODE = 4'b0100;   //減算
34          sim_ALU_IN_A = 8'b00000010; //入力A
35          sim_ALU_IN_B = 8'b00000011; //入力B
36          #10
37          sim_OPCODE = 4'b0101;   //AND
38          sim_ALU_IN_A = 8'b11111111; //入力A
39          sim_ALU_IN_B = 8'b00111100; //入力B
40          #10
41          sim_OPCODE = 4'b0110;   //OR
42          sim_ALU_IN_A = 8'b11110001; //入力A
43          sim_ALU_IN_B = 8'b00111110; //入力B
44          #10
```

```
45      sim_OPCODE = 4'b0111;    //反転出力(入力A)
46      sim_ALU_IN_A = 8'b11110000; //入力A
47      #10
48      sim_OPCODE = 4'b1000;    //反転出力(入力B)
49      sim_ALU_IN_B = 8'b00001111; //入力B
50      #10
51      sim_OPCODE = 4'b0110;    //OR(リセット確認)
52      sim_ALU_IN_A = 8'b11110001; //入力A
53      sim_ALU_IN_B = 8'b00111110; //入力B
54      sim_RESET = 1'b0;
55      #10
56      sim_OPCODE = 4'b1001;    //左シフト
57      sim_ALU_IN_A = 8'b00011000; //入力A
58      sim_ALU_IN_B = 8'b00000010; //入力B
59      sim_RESET = 1'b1;
60      #10
61      sim_OPCODE = 4'b1010;    //右シフト
62      sim_ALU_IN_A = 8'b00011000; //入力A
63      sim_ALU_IN_B = 8'b00000010; //入力B
64      #10
65      sim_OPCODE = 4'b1111;    //その他(出力00000000)
66      sim_ALU_IN_A = 8'b11110000; //入力A
67      sim_ALU_IN_B = 8'b00001111; //入力B
68      #10
69    $finish;
70    end
71
72    always#(WB_PERIOD/2)begin
73    sim_clk = ~sim_clk; //WE_PERIOD = 5 nsごとにCLKの値を反転する
74    end
75
76  ALU   ALU0(
77      .clk(sim_CLK),
78      .reset(sim_RESET),
79      .opcode(sim_OPCODE),
80      .alu_in_a(sim_ALU_IN_A),
81      .alu_in_b(sim_ALU_IN_B),
82      .alu_out(sim_ALU_OUT),
83      .overflow(sim_OVERFLOW)
84    );
85
86 endmodule
```

図 6.18　演算装置のシミュレーション結果例 1

図 6.19　演算装置のシミュレーション結果例 2

図 6.20　演算装置のシミュレーション結果例 3

図 6.21　演算装置のシミュレーション結果例 4

確認するために，オペコードとして 1111 を入力している。

　これらのシミュレーション結果を確認するにあたり，sim_CLK はクロック信号，sim_RESET はリセット信号，sim_OPCODE はオペコード信号，sim_ALU_IN_A および sim_ALU_IN_B はデータ入力 A および B 信号，sim_ALU_OUT は ALU の処理結果出力信号，sim_OVERFLOW はオーバーフロー信号を示している。

　まず，オペコード信号として「0000」を実行すると，オペコードはその他として機能するため，sim_ALU_OUT より「00000000」が出力されていることが

確認できる。また，「0001」を実行すると，sim_ALU_IN_A の入力値「10101010」
が sim_ALU_OUT より出力されている。つぎに，「0010」を実行すると，sim_
ALU_IN_B の入力値「11110000」が sim_ALU_OUT より出力されている。つぎに，
「0011」を実行すると，sim_ALU_IN_A の入力値「11111110」と sim_ALU_IN_B
の入力値「00000010」が加算され，加算結果は 9 ビット「100000000」となり，
オーバーフローが発生するため，sim_OVERFLOW より「1」，sim_ALU_OUT より
「00000000」が出力されている。つぎに，「0100」を実行すると，sim_ALU_IN_
A の入力値「00000010」から sim_ALU_IN_B の入力値「00000011」の減算が行
われ，減算結果は 9 ビット「111111111」となり，オーバーフローが発生する
ため，sim_OVERFLOW より「1」，sim_ALU_OUT より「11111111」が出力されて
いる。その後，「0101」を実行すると，sim_ALU_IN_A の入力値「11111111」と
sim_ALU_IN_B の入力値「00111100」の AND をとるため，sim_ALU_OUT より
「00111100」が出力されている。そして，「0110」を実行すると，sim_ALU_IN_
A の入力値「11110001」と sim_ALU_IN_B の入力値「00111110」の OR をとる
ため，sim_ALU_OUT より「11111111」が出力されている。つぎに，「0111」を
実行すると，sim_ALU_IN_A の入力値「11110000」の NOT となるため，
「00001111」が sim_ALU_OUT より出力されている。また，「1000」を実行すると，
sim_ALU_IN_B の入力値「00001111」の NOT となるため，「11110000」が sim_
ALU_OUT より出力されている。ここでいったん，リセット信号 sim_RESET に
よるリセット機能を確認するために，sim_RESET に対して「0」を入力する。本
回路では非同期リセットとして設計しているため，クロックの立ち上がりタイ
ミングではなく，信号が入力され次第，sim_ALU_OUT より「00000000」が出力
されていることが確認できる。つぎに，「1001」を実行すると sim_ALU_IN_A
の入力値「00011000」が sim_ALU_IN_B の入力値「00000010」分，すなわち 2
ビット分左シフトされるため，sim_ALU_OUT より「01100000」が出力される。
また，「1010」を実行すると sim_ALU_IN_A の入力値「00011000」が sim_ALU_
IN_B の入力値「00000010」分，すなわち 2 ビット分右シフトされるため，
sim_ALU_OUT より「00000110」が出力される。そして，「1111」を実行すると，

リセットとして機能するため，sim_ALU_OUT より「00000000」が出力されていることが確認できる。

6.3 加算器の Verilog HDL 記述例

6.3.1 半 加 算 器

図 6.22 のブロック図に示されるような半加算器の記述例を**コード 6.3** に示す。機能としては，入力信号 A および B の条件に応じて，出力信号 S より加算結果，C_out より桁上がりを出力する。また，テストベンチおよびシミュレーション結果を**コード 6.4** および**図 6.23** に示す。このテストベンチでは，2 入力のすべての組み合わせを 00 から順に 11 まで入力し，加算結果および桁上がり出力 C_out の出力結果を観測している。加えて，シミュレーション結果より，各加算入力に対する加算結果が正常に出力されていることを確認できる。

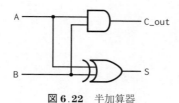

図 6.22　半加算器

コード 6.3　半加算器の記述例【HA.v】

```
1  module HA(
2    input A, B,
3    output S, C_out
4  );
5    assign S = A^B;
6    assign C_out = A&B;
7  endmodule
```

コード 6.4　半加算器のテストベンチ例【HA_sim.v】

```
1  `timescale 1ns / 1ps
2  module HA_sim(
3
```

```
 4    );
 5
 6    reg simA = 1'b0;
 7    reg simB = 1'b0;
 8
 9    wire simS,simC_out;
10
11    initial begin
12    simA = 1'b0;
13    simB = 1'b0;
14
15    simA = 1'b0;
16    simB = 1'b0;
17    #10
18    simA = 1'b1;
19    simB = 1'b0;
20    #10
21    simA = 1'b0;
22    simB = 1'b1;
23    #10
24    simA = 1'b1;
25    simB = 1'b1;
26    #10
27    $finish;
28    end
29
30  HA HA0(
31        .A(simA),
32        .B(simB),
33        .S(simS),
34        .C_out(simC_out)
35      );
36
37 endmodule
```

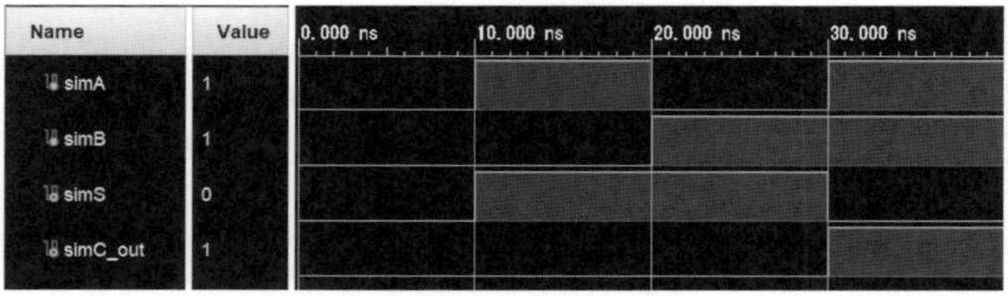

図 6.23　半加算器のシミュレーション結果例

6.3.2 全 加 算 器

図 6.24 のブロック図に示されるような全加算器は，半加算器を二つ使用することで構成可能であり，コード 4.3 およびコード 4.5 のように記述できる。また，ブロック内の各論理ゲートの接続関係から**コード 6.5** のようにも記述できる。機能としては，1 段目の半加算器の入力信号 A および B，2 段目の半加算器の桁上がり入力信号 C_in の条件に従い，出力信号 S より加算結果，C_out より桁上がりを出力する。また，テストベンチおよびシミュレーション結果を**コード 6.6** および**図 6.25** に示す。このテストベンチでは，3 入力のすべての組み合わせを 000 から順に，always 文で指定した時間ごとに信号を反転させて 111 まで入力し，加算結果 S および桁上がり出力 C_out の出力結果を観測している。また，シミュレーション結果より各加算入力に対する加算結果が正常に出力されていることを確認できる。

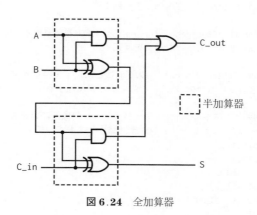

図 6.24 全加算器

コード 6.5 全加算器の記述例【FA.v】

```verilog
1  module FA(
2    input A, B, C_in,
3    output S, C_out
4  );
5    assign S = (A ^ B) ^ C_in;
6    assign C_out = (A & B) | ((A ^ B) & C_in) ;
7  endmodule
```

コード **6**.**6**   全加算器のテストベンチ例【FA_sim.v】

```verilog
 1  `timescale 1ns / 1ps          //シミュレーションの刻みを1 ns，精度を1 psに設定
 2  module FA_sim(             //モジュールとしてFA_simを設定
 3     );
 4     parameter WB_PERIOĐ = 10.0;     //変数WB_PERIOĐに10.0を代入
 5     //シミュレーション対象の回路に対して印加する信号の定義
 6     reg sim_A = 1'b0;
 7     reg sim_B = 1'b0;
 8     reg sim_C_in = 1'b0;
 9     //シミュレーション対象の回路の出力信号を観測する信号の定義
10     wire sim_S;
11     wire sim_C_out;
12
13     initial begin
14     #(WB_PERIOĐ * 4) $finish;
15     end
16
17     //シミュレーション対象の回路に印加する組み合わせの生成
18     always#(WB_PERIOĐ/2)begin   //5 nsごとに以下を繰り返す
19         sim_A = ~sim_A;   //sim_Aを反転する
20     end
21     always#(WB_PERIOĐ)begin   //10 nsごとに以下を繰り返す
22         sim_B = ~sim_B;   //sim_Bを反転する
23     end
24     always#(WB_PERIOĐ*2)begin   //20 nsごとに以下を繰り返す
25         sim_C_in = ~sim_C_in;   //sim_C_inを反転する
26     end
27     //自作回路インスタンス化(シミュレーション対象回路とテストベンチを接続)
28     FA FA0(    //シミュレーション対象回路  テストベンチ
29         .A(sim_A),
30         .B(sim_B),
31         .C_in(sim_C_in),
32         .S(sim_S),
33         .C_out(sim_C_out)
34     );
35  endmodule
```

図 **6**.**25**   全加算器のシミュレーション結果例

演 習 問 題

1. つぎの（1），（2）の値にそれぞれ（a）～（d）のシフト演算を行った結果を示しなさい。
   （1）　8'h35　　（2）　8'hbc
   （a）　左1ビット論理シフト　　　（b）　右1ビット論理シフト
   （c）　左1ビット算術シフト　　　（d）　右1ビット算術シフト

2. 半加算器を用いて，4ビットの入力信号 A に対して $S = A + 1$ の演算を行う加算器を構成しなさい。

3. 以下の回路に関して，Verilog HDL で設計し，シミュレーションで動作確認しなさい。
   （a）　入力信号 A, B をそれぞれ2ビットとした場合の加算器
   （b）　4ビットのシフトレジスタ
   （c）　2ビットの入力信号 A, B を有する比較器。なお，$A > B$ が成立した場合のみ1になる出力信号を X, $A = B$ が成立した場合のみ1になる出力信号を Y, $A < B$ が成立した場合のみ1になる出力信号を Z とする
   （d）　入力信号 A, B をそれぞれ4ビットとした場合の加減算器

4. 加算器の桁数が大きい場合に，桁上げ伝搬加算器よりも高速な加算器の実装方式を調べなさい。

7

制　御　要　素

　CPU では与えられた命令を解読し，ALU の機能選択や，メモリ・レジスタなどの回路要素を適切に接続する制御が行われる。本章では，CPU における制御要素についての構成と役割について説明する。

7.1　デコーダとエンコーダ

　実行対象の命令を解読し，ALU への演算モード指定，データバスと各種ブロックの接続制御，メモリアドレスの指定などの各種制御信号を生成するのがデコーダである。

　基本的なデコーダ回路は，出力のうち一つのみが 1 となる特徴を持つ。処理対象の命令を解読する命令デコーダの場合は，**図 7.1** のように，入力と同じ符号を持つ命令に対応する出力が 1 となる回路である。例えば，命令 LAD に符号 12 が割り当てられている場合に，入力 OP の値が 12 であれば出力 LAD が 1 となり，ほかの出力が 0 となる。同様に符号 20 が入力されると，20 が割

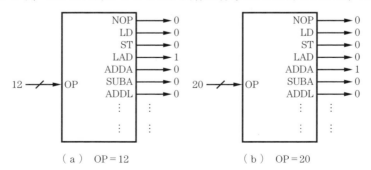

図 7.1　命令デコーダ

り当てられた命令 ADDA に対応する出力 ADDA の値のみが 1 となる。

デコーダ回路の代表的な例として，BCD to Decimal デコーダのブロック図，真理値表，回路例を**図 7**.**2**，**表 7**.**1**，**図 7**.**3** にそれぞれ示す。

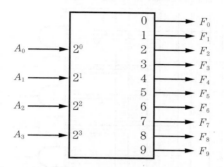

図 7.**2** BCD to Decimal デコーダのブロック図

表 7.**1** BCD to Decimal デコーダの真理値表

A_3	A_2	A_1	A_0	F_9	F_8	F_7	F_6	F_5	F_4	F_3	F_2	F_1	F_0
0	0	0	0	0	0	0	0	0	0	0	0	0	1
0	0	0	1	0	0	0	0	0	0	0	0	1	0
0	0	1	0	0	0	0	0	0	0	0	1	0	0
0	0	1	1	0	0	0	0	0	0	1	0	0	0
0	1	0	0	0	0	0	0	0	1	0	0	0	0
0	1	0	1	0	0	0	0	1	0	0	0	0	0
0	1	1	0	0	0	0	1	0	0	0	0	0	0
0	1	1	1	0	0	1	0	0	0	0	0	0	0
1	0	0	0	0	1	0	0	0	0	0	0	0	0
1	0	0	1	1	0	0	0	0	0	0	0	0	0

BCD は，10 進数の 1 桁ごとを 4 桁の 2 進で表記する数値表現である。BCD to Decimal デコーダは，BCD の 2 進 4 桁入力に対応する 10 進数 1 桁を示すデコーダ回路である。表 7.1 の真理値表に示すように，図 7.2 の入力 $(A_3A_2A_1A_0)$ の入力値に等しい 10 進数 d に対応する出力 F_d のみが 1 を出力する。

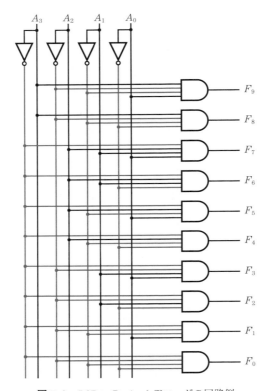

図 7.3　BCD to Decimal デコーダの回路例

　デコーダ回路は，出力が 1 となる入力組み合わせを AND ゲートで実現することで設計可能である。例えば，出力 F_9 が 1 となるのは入力 $(A_3A_2A_1A_0)=$ (1001) のときであるから，$F_9 = A_3 \cdot \overline{A_2} \cdot \overline{A_1} \cdot A_0$ となるように，A_2, A_3 については NOT ゲートで論理値を反転させてから，AND ゲートに各入力を接続する。

　また，制御信号が複数の条件で 1 となる場合は，デコーダの複数出力を OR ゲートに接続することで実現できる。

　一方エンコーダは，選択された一つの入力信号に対して，その 2 値符号化を行う回路である。先ほどの BCD to Decimal デコーダの逆の入出力関係を持つ，10 進 1 桁から対応する 2 進数を出力する Decimal to BCD エンコーダの回路を例として考える。A_9 から A_0 までの 10 個の入力のうち，一つが選択され，そ

の添字の10進数に対応する2進数がF_3, F_2, F_1, F_0の4桁で出力されるとすると，その真理値表は**表7.2**となる。エンコーダの設計においては，入力が一つのみ1となることを考えると，出力関数が1となる入力をORゲートに接続すればよい。例として，出力F_2が1となる入力は表7.2の真理値表からA_7, A_6, A_5, A_4である。したがって，**図7.4**のようにそれら4入力をORゲートに接続すれば，その出力が論理関数F_2を実現する回路となる（その他の出力については各自で設計されたい。演習問題[1]を参照）。

表7.2 Decimal to BCD エンコーダの真理値表

A_9	A_8	A_7	A_6	A_5	A_4	A_3	A_2	A_1	A_0	F_3	F_2	F_1	F_0
0	0	0	0	0	0	0	0	0	1	0	0	0	0
0	0	0	0	0	0	0	0	1	0	0	0	0	1
0	0	0	0	0	0	0	1	0	0	0	0	1	0
0	0	0	0	0	0	1	0	0	0	0	0	1	1
0	0	0	0	0	1	0	0	0	0	0	1	0	0
0	0	0	0	1	0	0	0	0	0	0	1	0	1
0	0	0	1	0	0	0	0	0	0	0	1	1	0
0	0	1	0	0	0	0	0	0	0	0	1	1	1
0	1	0	0	0	0	0	0	0	0	1	0	0	0
1	0	0	0	0	0	0	0	0	0	1	0	0	1

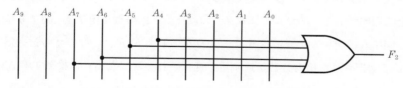

図7.4 Decimal to BCD エンコーダの回路例（部分）

7.2 マルチプレクサとデマルチプレクサ

複数の入力信号から一つを選択し，出力に伝搬させる回路がマルチプレクサであり，MUX，セレクタとも呼ばれる。マルチプレクサの動作表と回路例を

表7.3，**図7.5** に示す。図のマルチプレクサは4入力（A,B,C,D）から選択信号 S_1S_0 を用いて一つを選択し，その値を出力 F に伝達する。選択されなかった信号は S_1S_0 から接続する AND ゲート入力に0を含むため，出力側の OR ゲートに伝わらないようになっている。

表7.3　マルチプレクサの動作表

選択信号 S_1S_0	出力 F
00	A
01	B
10	C
11	D

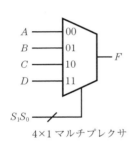
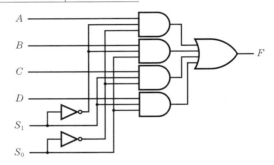

4×1マルチプレクサ

図7.5　マルチプレクサの回路例

　一方デマルチプレクサは，複数の出力先から一つを選択し，入力信号を伝搬させる回路である。デマルチプレクサの動作表と回路例を**表7.4**，**図7.6** に示す。図7.6のデマルチプレクサは，入力 A の値を F_3,F_2,F_1,F_0 のうち選択信号 S_1S_0 で選択された出力へと伝達する。選択されなかった出力に接続する AND

表7.4　デマルチプレクサの動作表

選択信号 S_1S_0	出　力
00	$F_0 = A$
01	$F_1 = A$
10	$F_2 = A$
11	$F_3 = A$

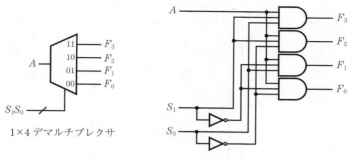

図 **7.6** デマルチプレクサの回路例

ゲートは, $S_1 S_0$ からの信号により 0 を出力する。

 7.3 制御回路の実装方式

CPU 内部では, デコーダで解読された命令に応じて, メモリとのアクセスや ALU の制御などに必要な操作を順に行う必要がある。これらの制御信号を生成する制御回路の実装には, ハードウェアでの実装, マイコンを用いて機能をソフトウェアとして実行する実装の二つの方式がある。

制御回路を順序回路として実装する方式をワイヤードロジック (結線論理) 方式と呼ぶ (**図 7.7**)。ワイヤードロジック方式では, 命令サイクルに必要な処理を順に実行するために, メモリの実効アドレスの計算などの各手順をステートとして表現したステートマシンを結線論理として実装する。回路として実装されるため高速動作するが, 実装後に制御機能を追加・変更することはできない。

一方, 命令をマイクロコードと呼ばれるさらに単純な命令で構成し, 制御機能を実装する方式を, マイクロプログラム方式と呼ぶ。マイクロプログラム方式は, 命令ごとに実行に必要な制御信号を順に生成するために, さらに下位の命令セットであるマイクロ命令を定義し, 実行する方式である (**図 7.8**)。ここで用いられるプログラムをマイクロプログラムと呼び, 各命令に対するマイクロ命令の系列は**制御メモリ** (**CM**: control memory) に格納される。命令が

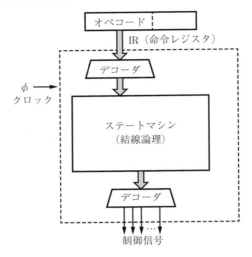

図 7.7　ワイヤードロジック方式

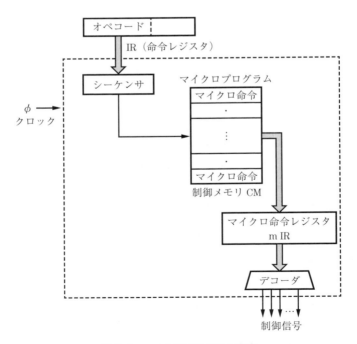

図 7.8　マイクロプログラム方式

解読されると対応するマイクロプログラムが順に取り出され，実行される。マイクロプログラムはハードウェアとソフトウェアの中間的な役割を果たし，**ファームウェア**（firmware）とも呼ばれる。マイクロプログラム方式では，制御機能の変更・更新を制御メモリ内のプログラムの変更によって行うことが可能である。

7.4 デコーダの **Verilog HDL** 記述例

図7.9 のブロック図に示されるようなデコーダ（2進-10進）の記述例を**コード7.1** に示す。動作としては，4ビットの2進数の入力信号 X に対応した0〜9の10進値を Y に復元する。また，範囲外の4ビットの2進数，すなわち1010以降が入力された場合は，Yの各ビットに1を代入する。

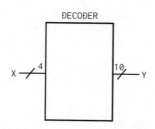

図7.9 デコーダ（2進-10進）

コード7.1 デコーダ（2進-10進）の記述例【DECODER.v】

```
1  module DECODER(
2      input  [3:0] X,
3      output reg[9:0]Y
4      );
5
6  always @(*)
7  begin
8      case(X)
9          4'b0000:  Y = 10'b0000000001;
10         4'b0001:  Y = 10'b0000000010;
11         4'b0010:  Y = 10'b0000000100;
12         4'b0011:  Y = 10'b0000001000;
```

```
13        4'b0100:  Y = 10'b0000010000;
14        4'b0101:  Y = 10'b0000100000;
15        4'b0110:  Y = 10'b0001000000;
16        4'b0111:  Y = 10'b0010000000;
17        4'b1000:  Y = 10'b0100000000;
18        4'b1001:  Y = 10'b1000000000;
19        default:  Y = 10'b1111111111; //上記条件以外の場合
21    endcase
22 end
23 endmodule
```

また，テストベンチを**コード 7.2** に示し，シミュレーション結果を**図 7.10**
に示す。このテストベンチでは，デコード対象の値 0000 〜 1001 を順番に実
施し，その他の場合の機能を確認するために，割り当てた値以外の値として
1111 を入力している。また，シミュレーション結果より，入力値 X に対して
割り当てた出力値 Y が出力されていることを確認できる。

コード 7.2 デコーダ（2 進-10 進）のテストベンチ例【DECODER_sim.v】

```
1  `timescale 1ns / 1ps
2
3  module DECODER_sim(
4
5      );
6      parameter WB_PERIOD = 10.0;
7      reg [3:0]sim_X = 4'b0000;
8      wire [9:0] sim_Y;
9
10     //時系列で信号を印加
11     initial begin
12         sim_X = 4'b0000;   //入力0000
13         #10
14         sim_X = 4'b0001;   //入力0001
15         #10
16         sim_X = 4'b0010;   //入力0010
17         #10
18         sim_X = 4'b0011;   //入力0011
19         #10
20         sim_X = 4'b0100;   //入力0100
21         #10
22         sim_X = 4'b0101;   //入力0101
23         #10
```

```
24       sim_X = 4'b0110;    //入力0110
25       #10
26       sim_X = 4'b0111;    //入力0111
27       #10
28       sim_X = 4'b1000;    //入力1000
29       #10
30       sim_X = 4'b1001;    //入力1001
31       #10
32       sim_X = 4'b1111;    //入力1111（その他の一例）
33       #10
34    $finish;
35    end
36
37   DECODER  DECODER0(
38       .X(sim_X),
39       .Y(sim_Y)
40      );
41
42 endmodule
```

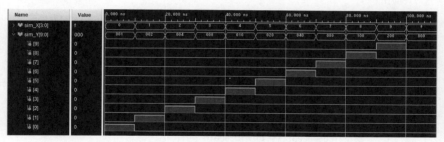

図 7.10 デコーダ（2進-10進）のシミュレーション結果例

7.5 エンコーダの Verilog HDL 記述例

図 7.11 のブロック図に示されるようなエンコーダ（10進-2進）の記述例を**コード 7.3** に示す。動作としては，10進数の 1 ～ 9 に対応する入力信号 X のうちどれか一つを 1 とした場合に，対応する 4 ビットの 2 進符号を出力信号 Y として出力する。また，二つ以上の信号線に 1 が入力された場合やいずれかの信号線に 0 のみの範囲外の値が入力された場合は，Y の各ビットに 1 を代入する。なお，テストベンチは省略する。

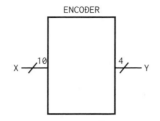

図 7.11　エンコーダ（10 進-2 進）

コード 7.3　エンコーダ（10 進-2 進）の記述例【ENCODER.v】

```
1  module ENCODER(
2      input  [9:0] X,
3      output reg [3:0]Y
4      );
5
6  always @(*)
7  begin
8      case(X)
9          10'b0000000001:  Y <= 4'b0000;
10         10'b0000000010:  Y <= 4'b0001;
11         10'b0000000100:  Y <= 4'b0010;
12         10'b0000001000:  Y <= 4'b0011;
13         10'b0000010000:  Y <= 4'b0100;
14         10'b0000100000:  Y <= 4'b0101;
15         10'b0001000000:  Y <= 4'b0110;
16         10'b0010000000:  Y <= 4'b0111;
17         10'b0100000000:  Y <= 4'b1000;
18         10'b1000000000:  Y <= 4'b1001;
19         default       :  Y <= 4'b1111; //上記条件以外の場合
20     endcase
21 end
22 endmodule
```

7.6　マルチプレクサの Verilog HDL 記述例

図 7.12 のブロック図に示されるようなマルチプレクサの記述例を**コード 7.4** に示す。動作としては，選択信号 SELECT の組み合わせにより，D[0] 〜 D[3] の四つの入力信号から一つを選択して，出力信号 F より出力する。case

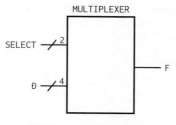

図 7.12 マルチプレクサ

コード 7.4 マルチプレクサの記述例【MULTIPLEXER.v】

```
 1 module MULTIPLEXER(
 2     input  [3:0] Đ,
 3     input  [1:0] SELECT,
 4     output reg F
 5     );
 6
 7 always @(*)
 8 begin
 9     case(SELECT)
10         2'b00:  F = Đ[0];
11         2'b01:  F = Đ[1];
12         2'b10:  F = Đ[2];
13         2'b11:  F = Đ[3];
14         default:F = Đ[0]; //上記の3条件以外の場合
15     endcase
16 end
17 endmodule
```

文は，2 ビットの選択信号が成す 4 通りの組み合わせをすべて網羅しているた
め，default は省略しても構わない。また，テストベンチを**コード 7.5** に示し，
シミュレーション結果を**図 7.13** に示す。このテストベンチでは，選択信号の
値が 00 のときはデータ入力 Đ の 0 ビット目の期待値を割り当てるようにする
など，選択信号ごとに該当するビットに対してデータを与え，振る舞いを観測
している。また，シミュレーション結果より，SELECT 信号の入力値に対して
割り当てたデータ入力 Đ が出力信号 F より出力されていることを確認できる。

コード **7.5** 　マルチプレクサのテストベンチ例【MULTIPLEXER_sim.v】

```
 1  `timescale 1ns / 1ps
 2
 3  module MULTIPLEXER_sim(
 4
 5     );
 6
 7     reg [1:0] sim_SELECT =2'b00;
 8     reg [3:0] sim_Ð =4'b0000;
 9     wire sim_F;
10
11     initial begin
12     sim_SELECT =2'b00;    //選択信号00
13     sim_Ð = 4'b0000;
14     #10
15     sim_SELECT =2'b00;    //選択信号00
16     sim_Ð = 4'b1110;      //データ0チェック
17     #10
18     sim_SELECT =2'b00;    //選択信号00
19     sim_Ð = 4'b0001;      //データ1チェック
20     #10
21     sim_SELECT =2'b01;    //選択信号01
22     sim_Ð = 4'b1101;      //データ0チェック
23     #10
24     sim_SELECT =2'b01;    //選択信号01
25     sim_Ð = 4'b0010;      //データ1チェック
26     #10
27     sim_SELECT =2'b10;    //選択信号10
28     sim_Ð = 4'b1011;      //データ0チェック
29     #10
30     sim_SELECT =2'b10;    //選択信号10
31     sim_Ð = 4'b0100;      //データ1チェック
32     #10
33     sim_SELECT =2'b11;    //選択信号11
34     sim_Ð = 4'b0111;      //データ0チェック
35     #10
36     sim_SELECT =2'b11;    //選択信号11
37     sim_Ð = 4'b1000;      //データ1チェック
38     #10
39     $finish;
40     end
41
42   MULTIPLEXER MULTIPLEXER0(
43        .SELECT(sim_SELECT),
```

```
44          .Đ(sim_Đ),
45          .F(sim_F)
46      );
47
48  endmodule
```

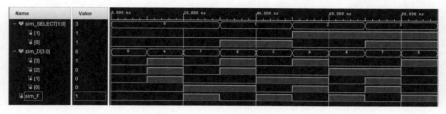

図7.13 マルチプレクサのシミュレーション結果例

7.7 デマルチプレクサの **Verilog HDL** 記述例

図 **7.14** のブロック図に示されるようなデマルチプレクサの記述例を**コード 7.6** に示す。動作としては，選択信号 SELECT の組み合わせにより，入力信号 Đ の値を出力信号 F[0] 〜 F[3] より選択して出力する。論理合成の際に，状態が残ってしまう可能性があるため，case 文内の F について，Đ の値を伝搬するビット以外は，0 をビット連結している。また，2 ビットの選択信号が成す 4 通りの組み合わせをすべて網羅しているため，default は省略しても構わない。なお，テストベンチは省略する。

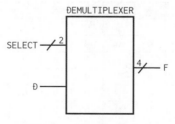

図7.14 デマルチプレクサ

コード**7.6**　デマルチプレクサの記述例【DEMULTIPLEXER.v】

```verilog
 1 module ÐEMULTIPLEXER(
 2    input   Ð,
 3    input   [1:0] SELECT,
 4    output reg [3:0] F
 5    );
 6
 7 always @(*)
 8 begin
 9    case(SELECT)
10       2'b00:  F = {3'b000,Ð};
11       2'b01:  F = {2'b00,Ð,1'b0};
12       2'b10:  F = {1'b0,Ð,2'b00};
13       2'b11:  F = {Ð,3'b000};
14       default:F = {3'b000,Ð}; //上記の3条件以外の場合
15    endcase
16 end
17 endmodule
```

演　習　問　題

1 図 7.4 に Decimal to BCD エンコーダの出力 F_3, F_1, F_0 を描き加えて回路図を完成させよ。

2 図 7.6 のデマルチプレクサの真理値表を書きなさい。

3 ワイヤードロジック方式とマイクロプログラム方式の違いと優劣について説明しなさい。

4 つぎの真理値表を実現するエンコーダを設計しなさい。

X_7	X_6	X_5	X_4	X_3	X_2	X_1	X_0	Y_2	Y_1	Y_0
0	0	0	0	0	0	0	1	0	0	0
0	0	0	0	0	0	1	0	0	0	1
0	0	0	0	0	1	0	0	0	1	0
0	0	0	0	1	0	0	0	0	1	1
0	0	0	1	0	0	0	0	1	0	0
0	0	1	0	0	0	0	0	1	0	1
0	1	0	0	0	0	0	0	1	1	0
1	0	0	0	0	0	0	0	1	1	1
その他								1	1	1

⑤　つぎの真理値表を実現するデコーダを設計しなさい。

X_2	X_1	X_0	Y_7	Y_6	Y_5	Y_4	Y_3	Y_2	Y_1	Y_0
0	0	0	0	0	0	0	0	0	0	1
0	0	1	0	0	0	0	0	0	1	0
0	1	0	0	0	0	0	0	1	0	0
0	1	1	0	0	0	0	1	0	0	0
1	0	0	0	0	0	1	0	0	0	0
1	0	1	0	0	1	0	0	0	0	0
1	1	0	0	1	0	0	0	0	0	0
1	1	1	1	0	0	0	0	0	0	0
その他			0	0	0	0	0	0	0	0

⑥　つぎの真理値表を実現するマルチプレクサを設計しなさい。

A	B	D_0	D_1	D_2	D_3	F
0	0	0	d	d	d	0
0	0	1	d	d	d	1
0	1	d	0	d	d	0
0	1	d	1	d	d	1
1	0	d	d	0	d	0
1	0	d	d	1	d	1
1	1	d	d	d	0	0
1	1	d	d	d	1	1

⑦　つぎの真理値表を実現するデマルチプレクサを設計しなさい。

A	B	D	F_0	F_1	F_2	F_3
0	0	0	0	0	0	0
0	0	1	1	0	0	0
0	1	0	0	0	0	0
0	1	1	0	1	0	0
1	0	0	0	0	0	0
1	0	1	0	0	1	0
1	1	0	0	0	0	0
1	1	1	0	0	0	1

8 コンピュータの命令

　現在，パソコンのソフトウェア，スマートフォンのアプリなどの開発には，プログラミング環境において，C言語やJava，Pythonなど人間が記述しやすい高水準言語が用いられる。高水準言語では，複雑な処理を簡易に記述するために関数やサブルーチンが多種用意されている。

　一方，CPUで処理できる命令はあらかじめ定義された命令セットに含まれるものに限られる。したがって，高水準言語で書かれたプログラムをCPUで実行する際には，関数やサブルーチンで記述された処理を命令セットに含まれる処理を組み合わせて実現する命令シーケンスとして翻訳し，順に実行する必要がある。

　本章では，CPUにおける命令の扱いと，その形式について説明する。

8.1 命令と機械語

　CPUでは，処理に応じた演算・制御を行うために機械語と呼ばれる2値符号で表される命令が実装されている。CPUが解読できる機械語の集合を命令セットという。命令の符号化は，**ワード**（word）と呼ばれる単位を基本として行われる。1ワードの符号長は，コンピュータアーキテクチャにより規定される。現在は，8ビット，16ビット，32ビット，64ビットなどさまざまなワード長のコンピュータが存在する。また，命令には複数ワードで一つの操作を表すものもある。1ワードで一つの操作を表す命令を1ワード命令，2ワードで一つの操作を表す命令を2ワード命令と呼ぶ。

　本書では，16ビットのワード長で命令が符号化され，1ワード命令と2ワード命令を命令セットに持つコンピュータを対象とする。命令セットに含まれる命令については，8.5節と付録で紹介する。

　2値符号の機械語のままでは人間の可読性が悪いため，機械語のプログラム
を LD（load：データの転送），ADDA（add arithmetic：算術加算），AND（論
理積）など機械語命令に対応する文字列を用いて表現するアセンブリ言語が用
いられる。機械語命令に対応する文字列のことをニーモニックと呼ぶ。命令を
ニーモニックで表現する例を**表 8.1** に示す。アセンブリ言語の記述にはニー
モニックのほかに，命令の参照アドレスを示すラベルや，注釈用のコメント行
表現が含まれる。

表 8.1　機械語の命令例

機械語	アセンブリ言語
00010100 00010010	LD GR1, GR2
00100000 00010000 00000000 00100001	ADDA GR1, 33
00010001 00010000 00000000 00100010	ST GR1, 34

　　8.2　命令サイクル　　

CPU の処理では

① 命令をメモリからロード（命令フェッチ）

② 命令のデコード

③ 命令の実行

④ 結果の書き出し（ライトバック）

の四つのステージの動作を繰り返し行う。この一連の処理を命令サイクルと呼
ぶ。このうち，ステージ ①，② の命令フェッチとデコードの処理は各命令で
共通であり，ステージ ③，④ の命令実行と結果の書き出しは命令に応じて異
なる制御をする必要がある。

　ステージ ① の命令フェッチでは，プログラムカウンタ（PC）で示されるア
ドレスに従って命令を取り出し，命令レジスタに格納する。命令レジスタに格
納された命令は，オペコード部とオペランド部に分割して扱われる（**図 8.1**）。

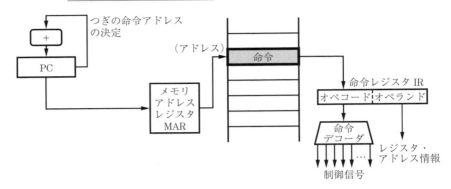

図 8.1 命令フェッチ

　ステージ ② にてオペコード部の命令解読がデコーダで行われ，処理対象となるデータをオペランド部をもとにレジスタまたはメモリから読み出す。

　ステージ ③ の命令の実行では，演算処理，ジャンプ，ロード，ストアなどの各命令に応じて，フラグレジスタ，プログラムカウンタの値が更新される。

　ステージ ④ のライトバックステージでは，処理結果を指定のレジスタ，あるいはメモリの実効アドレスに書き込む。

　プログラムカウンタの値は，指定がなければ命令実行ごとに値が 1 加算される。プログラムの流れを分岐させたり，分岐から元に戻す場合には，プログラムカウンタの値をつぎに実行すべき命令の保存先アドレスにセットする。プログラムが戻るべきアドレスはスタックに保存され，スタックの先頭アドレスがスタックポインタに保存される。

　8.3 命 令 の 形 式　

　命令は，操作内容を示すオペレーションコード部と操作対象を示すオペランド部より構成される。一つの命令にオペレーションコードが必ず一つ含まれるが，オペランドの数は命令によって異なる。命令には，一つだけのオペランドを含むもの，複数のオペランドを含むもの，またはオペランドを持たないものがある。

　命令を表す機械語は，複数のフィールドから構成され，オペレーションコード，オペランドの格納場所が指定されている。**図 8.2** に本書で使用する命令セットでのフィールド定義の例を示す。OP フィールドにはオペレーションコードが記述される。命令の解読の際にはオペレーションコードの命令に応じて，1 ワード命令か 2 ワード命令かの命令長がわかり，また残りのビットの表すオペランド数および割り当てられたフィールド構成が判別できる。

ビット番号	15	14	13	12	11	10	9	8	7	6	5	4	3	2	1	0
命令例	0	0	0	0	0	0	1	1	0	0	0	0	0	0	0	1
フィールド例	OP フィールド								r1 フィールド				r2 フィールド			

図 8.2 機械語のフィールド定義の例（1 ワード・2 オペランド命令）

図 8.2 の例は，1 ワード長の命令で，OP フィールドのほかに，r1 フィールド，r2 フィールドの二つのオペランドを持つ。このオペレーションコード 00000011（＝8'h03）は ADDL 命令に対応し，レジスタ r1，r2 の加算結果をレジスタ r1 に保存する処理を行うものである。

図 8.3 の例は，2 ワード長の命令で，OP フィールドのほかに，r フィールド，x フィールド，さらに第 2 ワードの 16 ビットが表す adr フィールドの三つのオペランドを持つ。このオペレーションコード 00100010（＝8'h22）は同じく

ビット番号	15	14	13	12	11	10	9	8	7	6	5	4	3	2	1	0
命令例	0	0	1	0	0	0	1	0	0	0	0	0	0	0	1	1
フィールド例	OP フィールド								r フィールド				x フィールド			

（ a ）　第 1 ワード

ビット番号	15	14	13	12	11	10	9	8	7	6	5	4	3	2	1	0
命令例	0	0	0	1	0	0	0	0	0	0	0	0	0	0	0	1
フィールド例	adr フィールド															

（ b ）　第 2 ワード

図 8.3 機械語のフィールド定義の例（2 ワード・3 オペランド命令）

ADDL 命令に対応するが，加算対象がレジスタとメモリの値である点が上の例と異なり，同じ算術加算命令でも異なるオペレーションコードが割り当てられる。この命令は，レジスタ r とメモリのデータの加算結果をメモリの（adr+指標レジスタ x の値）で示される番地に保存する処理を行うものである。

　以上のように CPU の命令には，処理対象の指定の違いによりオペランドの数が異なるものが存在する。

　　　　　　　8.4　アドレスの指定　　　　　　　

　CPU 内のレジスタを対象に演算を行う際，被演算データの指定にはレジスタ番号が用いられる。一方，メモリ内にあるデータを演算・処理の対象として読み書きする命令において，メモリのアドレス指定には以下に示すいくつかの方式がある。上述のとおり，同じ演算であっても演算対象の指定方法によって制御信号が異なるため，異なったオペコードが割り当てられる。

　命令・データをメモリから読み込む際のメモリのアドレス指定には，つぎの**図 8**.**4** に示す指定法がある。これらは，演算を要しないアドレス指定と，アドレス値を求める演算を必要とするアドレス修飾の大きく二つに分けられる。

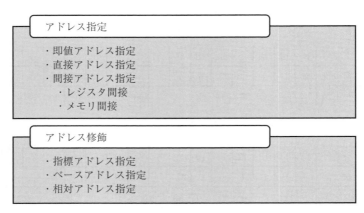

図 8.**4**　メモリのアドレス指定法の分類

· **即値アドレス指定**（immediate addressing）：　値をアドレスとしてではなく，データそのものとして扱う。**図8.5**に示す例では，オペランドの「100」が処理対象の数値 100 として用いられる。

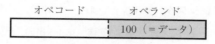

図8.5　即値アドレス指定

· **直接アドレス指定**（direct addressing）：　値をメモリの処理対象アドレスとして用いる。**図8.6**の例では，オペランドの「100」がメモリアドレス 100 を指し，その保存値が処理対象のデータとなる。

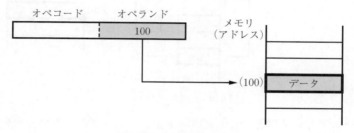

図8.6　直接アドレス指定

· **間接アドレス指定**（indirect addressing）：　値で指定された場所に記憶されているアドレスを用いる。アドレス値の記憶にレジスタを用いる場合をレジスタ間接，**図8.7**のようにメモリを用いる場合をメモリ間接と呼ぶ。図 8.7 の例ではアドレス 100 の保存値 200 はアドレスの値として用いられ，アドレス 200 の保存値が処理対象のデータとして用いられる。

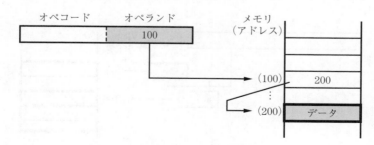

図8.7　間接アドレス指定

・**指標アドレス指定**（index addressing）:　レジスタと数値が指定され，その和をアドレスとして用いる。**図 8.8** では，レジスタ 5 に格納されている値 10 に数値 90 を加えた値 100 が，メモリへのアドレスとなる。このレジスタを**指標レジスタ**（index register）と呼び，指標レジスタの内容を数値に加えることを**インデックス修飾**（indexing）という。これは，メモリに連続して記憶されているデータを取り扱うときに用いられる。

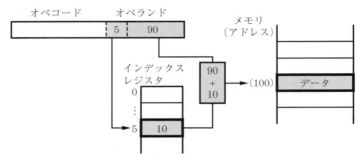

図 8.8　指標アドレス指定

・**ベースアドレス指定**（base addressing）:　プログラムやデータを格納している領域の先頭アドレスを**ベースアドレス**（base address）または基底アドレスと呼ぶ。ベースアドレスからの変異分を数値で指定し，それらを加算した値をアドレスとして用いる。**図 8.9** のようにベースアドレスを記憶するレジスタを用意し，プログラムが使用するメモリブロックの先頭を記憶させることで，プログラムをメモリの別の場所に配置した場合でもレジスタ値をベースアドレスに書き換えることで命令自体の変更はせずに

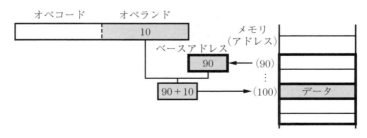

図 8.9　ベースアドレス指定

そのまま実行可能である。これを**リロケータブル**（relocatable）と呼ぶ。

・**相対アドレス指定**（relative addressing）：　現在実行中の**命令アドレス**（プログラムカウンタの値）に指定した数値を加え，メモリアドレスとして用いる。**図 8.10** では，プログラムカウンタの値 90 に数値 10 を加えた値 100 がメモリアドレスとなる。**プログラムカウンタ相対アドレス指定方式**（PC-relative addressing）ともいう。

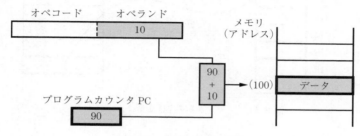

図 8.10　相対アドレス指定

　上記モードの指定に基づいて求めたメモリのアドレスを**実効アドレス**（effective address）と呼ぶ。実効アドレスにより，処理対象となるデータにアクセスできる。

 8.5　代表的な命令

　CPU の代表的な命令として，データ転送命令，演算命令，比較命令，シフト命令，プログラム制御命令，などについて紹介する。

8.5.1　データ転送命令

データ転送命令は，データを指定の箇所へ転送する命令である。転送元，転送先の違いにより，異なる命令が割り当てられる。

　LD（load）**命令**は，メモリの指定アドレスまたはレジスタからレジスタへとデータを転送する命令である。メモリからレジスタへの転送には，3 オペランドの LD r, adr, x の形式を用い，メモリの（adr + 指標レジスタ x の値）番地

からレジスタ r へのデータ転送を指示する（**図 8.11**）。

　また，レジスタからレジスタへの転送には，2 オペランドの LD r1,r2 の形式で，レジスタ r1 からレジスタ r2 へのデータ転送を指示する（**図 8.12**）。

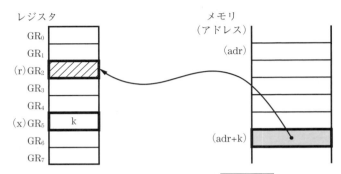

図 8.11　メモリからの LD 命令 LD r, adr, x

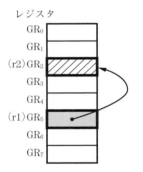

図 8.12　レジスタからの LD 命令 LD r1,r2

　ST（store）**命令**は，レジスタのデータをメモリへ書き出す命令である。ST r,adr,x の形式を用いて，レジスタ r からメモリの（adr + 指標レジスタ x の値）番地へデータ転送を指示する（**図 8.13**）。

　LAD（load address）**命令**は，実効アドレス値を計算してレジスタに保存する命令である。LAD r,adr,x の形式を用いて，adr に指標レジスタ x の値を加算した値をレジスタ r に保存する（**図 8.14**）。

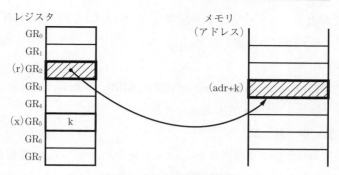

図 8.13　ST 命令 ST r, adr, x

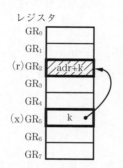

図 8.14　LAD 命令 LAD r, adr, x

8.5.2 演 算 命 令

〔1〕 算 術 演 算

　加算を行う命令が ADDA，ADDL である。**ADDA**（add arithmetic）**命令**は符号付きの算術演算を意味する。一方，**ADDL**（add logical）**命令**は符号なしの数値として加算を行う。LD 命令同様，それぞれに，3 オペランドで指定するレジスタとメモリの値の加算と，2 オペランドで指定するレジスタ間の加算の 2 種類の指定が存在する。

　レジスタとメモリを被演算子とする加算には，3 オペランドの ADDA r, adr, x の形式を用いる。レジスタ r の数値とメモリの（adr+指標レジスタ x の値）番地に記憶されている数値の加算を行い，レジスタ r に和を保存する。

　レジスタ間の加算には，2 オペランドの ADDA r1, r2 の形式を用い，レジス

タ r1 の数値とレジスタ r2 の数値を加算して，レジスタ r1 に和を保存する。

加えて，それぞれの加算の結果に応じて，フラグレジスタ OF，SF，ZF の値が更新される。

同様に，**SUBA**（subtract arithmetic）**命令**，**SUBL**（subtract logical）**命令**が，減算を行う命令としてそれぞれ定義される。

〔2〕 論 理 演 算

論理演算命令には，論理積命令（AND），論理和命令（OR），排他的論理和命令（XOR）がある。算術演算と同様に，レジスタとメモリの値を演算対象とするには 3 オペランド，レジスタ間の演算を行うには 2 オペランドの命令を用いる。

いずれにおいても，指定の二つの被演算子のビット列に対して，各ビット位置ごとに指定の論理演算を行った結果を第 1 オペランドのレジスタに保存する。

また，演算結果に応じてフラグレジスタ SF，ZF の値が更新される。

8.5.3 比 較 命 令

数値の大小比較を行う命令が，比較命令 CPA，CPL である。

CPA（compare arithmetic）**命令**は，符号付きの数値として大小比較を行い，**CPL**（compare logical）**命令**は，符号なしの数値として大小比較を行う。

比較結果はフラグレジスタに保存される。3 オペランド使用時のレジスタとメモリの数値比較結果と，フラグレジスタに保存される値の対応を**表 8.2** に示す。表中のメモリとは，（adr+指標レジスタ x の値）番地に記憶されている数値のことである。

表 8.2 レジスタとメモリの数値比較結果と
フラグレジスタ SF，ZF の保存値の対応

比較結果	SF	ZF
レジスタ r＞メモリ	0	0
レジスタ r＝メモリ	0	1
レジスタ r＜メモリ	1	0

表8.3 レジスタ間の数値比較結果とフラグ
レジスタ SF, ZF の保存値の対応

比較結果	SF	ZF
レジスタ r1＞レジスタ r2	0	0
レジスタ r1＝レジスタ r2	0	1
レジスタ r1＜レジスタ r2	1	0

同様に，2オペランド使用時のレジスタ間の数値比較結果は，**表8.3**のように
にフラグレジスタに保存される。

8.5.4 シフト命令

シフト演算命令には，SLA，SRA，SLL，SRL の4種がある。

SLA（shift left arithmetic）**命令**は，算術左シフトを行う。シフトするビッ
ト数には，実効アドレスで指定したメモリの値を使用する。**SRA**（shift right
arithmetic）**命令**は，算術右シフトを行う。算術シフトのため，右シフトで空
いた上位ビットには符号ビットが入る。

SLL（shift left logical）**命令**，**SRL**（shift right logical）**命令**は，それぞれ論
理左シフト，論理右シフトを行う。

8.5.5 プログラム制御命令

プログラムは，指定がなければメモリに格納されている順序で処理される。

プログラムの処理順序は，プログラムカウンタに処理する命令のアドレスを
セットすることで変えることができる。演算結果などの条件に応じて処理順序
を分岐するためのプログラム制御命令が存在する。また，分岐先の命令を実行
後，元に戻る必要がある場合には，現在のプログラムカウンタの値を別途保存
する必要がある。そのための制御命令として，サブルーチン命令やスタック命
令がある（**図8.15**）。

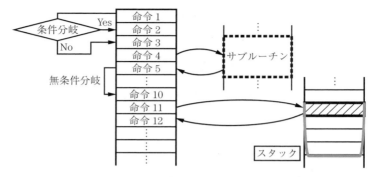

図 8.15　実行順序制御

〔**1**〕**分 岐 命 令**

　条件に応じてプログラムの処理順序を分岐させる命令が，分岐命令である。

　条件にはフラグレジスタの値を用い，プログラムカウンタの値を分岐後の命令列が保存されている先頭アドレスに書き換えることで，処理の分岐を行う。分岐条件により，正分岐命令（**JPL**），負分岐（**JMI**），非零分岐（**JNZ**），零分岐（**JZE**），オーバフロー分岐（**JOV**）がある。各命令に対応する分岐条件を**表 8.4** に示す。表の条件が満たされる場合には，プログラムカウンタの値が実効アドレスで指定したメモリの値に書き換えられ，処理が分岐する。条件が満たされない場合には，プログラムカウンタの値は書き換わらずに元の命令列の続きが処理される。

　分岐命令には，無条件でプログラムカウンタの値を書き換える無条件分岐命令 **JUMP**（unconditional jump）も存在する。

表 8.4　分岐命令の分岐条件

分岐命令	分岐条件
JPL（jump on plus）	$SF = 0$ かつ $ZF = 0$
JMI（jump on minus）	$SF = 1$
JNZ（jump on non zero）	$ZF = 0$
JZE（jump on zero）	$ZF = 1$
JOV（jump on overflow）	$OF = 1$

〔2〕 スタック命令

　プログラムの実行後の分岐先アドレスを記憶するスタックを用いるための命令が，スタック命令 PUSH，POP である。**PUSH 命令**は，**図 8.16** に示すようにスタックポインタを 1 減らした上で，スタックポインタで示されるアドレスに実効アドレス（adr+k）を書き込む。スタックのサイズが一つ増え，その先頭アドレス（スタックポインタの値）に追加アドレスが保存される。

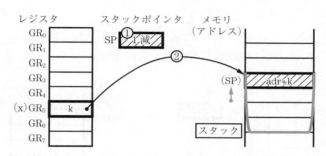

図 8.16　PUSH 命令によるスタックへの追加 PUSH adr, x

　POP 命令は，**図 8.17** に示すようにスタックポインタで示されるアドレスに保存した値をレジスタ r に保存した後，スタックポインタの値を 1 増やす。保存されたアドレス値を取り出したため，スタックサイズは一つ減る。

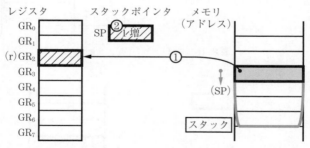

図 8.17　POP 命令によるスタックからの取り出し POP r

〔3〕 サブルーチン命令

　プログラムは，ある機能を分割してサブルーチンとして記述することが可能である。サブルーチンに移動し，実行後に元のプログラムに戻るための命令が

CALL（call subroutine）**命令**と **RET**（return from subroutine）**命令**である。

　CALL 命令の動作を表したのが**図 8.18** である。サブルーチンの命令列の保存されている先頭アドレス adr+k を実効アドレスで指定し，そのサブルーチンへ処理を移動させるが，その前に現在のプログラムカウンタの値をスタックに保存する必要がある。そこで，CALL 命令は ① スタックポインタを 1 減らし，② スタックへ現在のプログラムカウンタの値を保存，③ プログラムカウンタに実効アドレスを保存，の処理を行う。つぎの処理は，プログラムカウンタに保存されたサブルーチンの先頭アドレスから命令が実行される。

　サブルーチンから元の処理に戻るためには RET 命令を用いる。RET 命令は

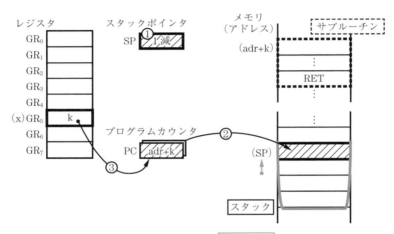

図 8.18　CALL 命令 $\boxed{\text{CALL adr, x}}$

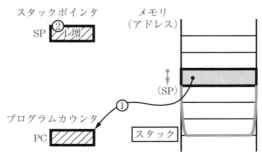

図 8.19　RET 命令 $\boxed{\text{RET}}$

図 8.19 に示すように，サブルーチン移動時に CALL 命令でスタックに保存したプログラムカウンタの値（つまり元の処理の続きの命令があるアドレス）をプログラムカウンタに書き戻すことで，処理を元の流れに戻すことができる。

〔**4**〕　その他の命令

無操作命令 **NOP**（no operation）は何の処理も行わない。実行するとプログラムカウンタが進むのみである。NOP 命令は，パイプライン処理にて演算の依存性から前の演算の完了を待つ必要がある場合などに挿入される。

演 習 問 題

1. 表 6.1 のオペコード，付録の命令セット一覧，図 8.2，図 8.3 のフィールド定義（ただし OP フィールドの上位 4 ビットを 0 とする）に従い，つぎの各命令を機械語で記述しなさい。

   （a）　ADDL GR1, GR4　　（b）　OR GR0, 16'h100c, GR2

2. 表 6.1 のオペコード，付録の命令セット一覧，図 8.2，図 8.3 のフィールド定義（ただし OP フィールドの上位 4 ビットを 0 とする）に従い，つぎの機械語をアセンブリ言語で記述しなさい。

   （a）　0000 0101 0010 0001　　（b）　0000 1001 0011 0010 0000 0000 1000 0010

3. レジスタ GR0, GR1 の値がそれぞれ 16'h4022, 16'he484 であるとき，つぎの各命令を実行した後のフラグレジスタ SF, ZF, OF の値を答えなさい。

   （a）　ADDA GR0, GR1　　（b）　CPA GR0, GR1　　（c）　CPL GR0, GR1

4. プログラムカウンタ PC，スタックポインタ SP，レジスタ GR0 の値がそれぞれ 16h'0040, 16h'8003, 16h'0002 であるとき，つぎの命令を実行した後の PC, SP の値を答えなさい。

   （a）　PUSH 16'h1020, GR0　　（b）　CALL 16'h2021, GR0

9

コンピュータの高速化技術と信頼性

コンピュータは 1940 年代に誕生してから現在まで高速化を中心として進化を続けてきた。高速化に貢献するおもな技術として，半導体製造技術，回路設計技術，ソフトウェア技術，コンピュータアーキテクチャ技術がある。本章ではコンピュータアーキテクチャ技術を中心にコンピュータの高速化技術について解説を行う。また，コンピュータの性能と同様に重要な要素となる，コンピュータシステムの信頼性について述べる。

 ### 9.1 マルチプログラミング

マルチプログラミング（multi programming）**方式**は，メインメモリに複数のプログラムを配置し，入出力処理等でプログラムに待ち時間が生じた場合に，ほかのプログラムに切り替えて処理を行う方式である。

図 9.1 にマルチプログラミング方式を用いずに，二つのプログラム A,B を

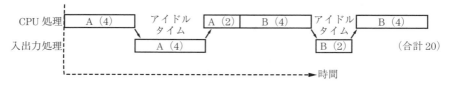

図 9.1 マルチプログラミング方式を用いない場合

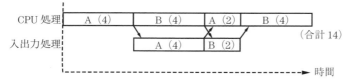

図 9.2 マルチプログラミング方式を用いた場合

実行する流れを例示する。プログラム A および B において，入出力処理を行っている間は，CPU に**待ち時間**（**アイドルタイム**：idle time）が発生する。この例では，二つのプログラムの実行に要する時間は合計 20 単位時間となる。

　つぎに，マルチプログラミング方式を用いた場合を**図 9.2** に示す。ここで，プログラム A,B は，図 9.1 と同じものとする。

　マルチプログラミング方式では，図 9.1 における CPU のアイドルタイムを，ほかのプログラムの実行に割り当てて処理するため，CPU を効率よく使用することができる。図 9.2 の例では，二つのプログラムの実行に要する時間は合計 14 単位時間であり，マルチプログラミング方式によって 6 単位時間縮小されている。

 ## 9.2　キャッシュメモリ

9.2.1　キャッシュメモリの役割

　コンピュータシステムにおいて，最も高速な記憶部は CPU 内のレジスタである。レジスタには，演算装置内でデータを扱うデータレジスタや制御装置内で命令を扱う命令レジスタなどがあり，これらレジスタには，メインメモリよりプログラムやデータが転送される。メインメモリは通常 DRAM で構成されるが，CPU に比べて動作速度が遅いため CPU に待ち時間が生じてしまう。そこで，CPU とメインメモリ間に高速なメモリ素子を配置し，アクセスされる可能性の高い命令やデータをメインメモリからコピーして使用する。

　このように使われる，メインメモリよりも小容量であるが高速なメモリを，**キャッシュメモリ**（cache memory）と呼ぶ（**図 9.3**）。キャッシュメモリには高速 SRAM が使われることが多い。キャッシュメモリを用いることによって見かけ上，メインメモリが高速になり，平均アクセス速度は向上する。

　高性能なコンピュータシステムでは，キャッシュメモリをデータ用と命令用に分けて構成することが多い。また，**図 9.4** のようにキャッシュメモリを階層化し，CPU 側から 1 次（primary / level 1）キャッシュメモリ，2 次（secondary /

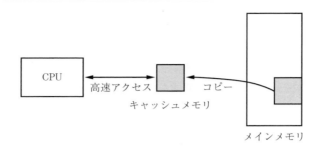

図 9.3 キャッシュメモリの概念

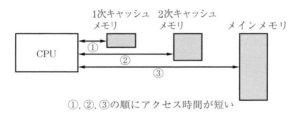

図 9.4 2次キャッシュメモリの場合

level 2) キャッシュメモリと構成する場合もある。パソコン向けの CPU では，3次キャッシュメモリまで内蔵されているものが多い。

9.2.2 キャッシュメモリの構成

キャッシュメモリとメインメモリは，ブロックと呼ばれる一定の単位にデータが区分され，このブロック単位でデータがキャッシュメモリにコピーされる。キャッシュメモリのブロックの割り当てを**マッピング**（mapping）と呼ぶ。マッピングの方式には，**フルアソシエイティブ**（full associative）**方式**と**セットアソシエイティブ**（set associative）**方式**がある。

〔**1**〕 **フルアソシエイティブ方式**

フルアソシエイティブ方式では，**図 9.5** のようにメインメモリのブロックをキャッシュメモリのどのブロックにもマッピングすることができる。そのため，自由度が高く，キャッシュメモリの使用効率は良いがハードウェアが複雑になる。

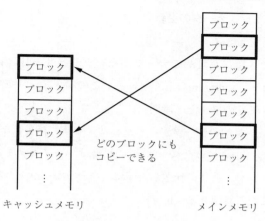

図9.5　フルアソシエイティブ方式

〔**2**〕　**セットアソシエイティブ方式**

　セットアソシエイティブ方式では，**図9.6**のように複数のブロックを**セット**（set）と呼ばれる単位にまとめ，キャッシュメモリとメインメモリの同一セット間のみでブロック転送を行う。キャッシュメモリのセットを構成するブロック数を**ウェイ**（way）数と呼ぶ。ウェイ数が1のものをダイレクトマッピング方式という。異なるセット間のブロック転送ができないという制約を受けるが，ハードウェアが簡単になるため，高速性が得られる。

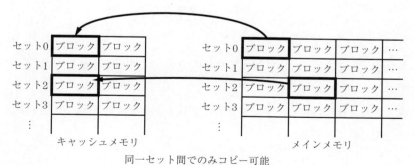

同一セット間でのみコピー可能

図9.6　セットアソシエイティブ方式

9.2.3 キャッシュデータの更新

〔1〕 キャッシュミス

メモリアクセス時に，目的のデータがキャッシュメモリに存在する場合，**キャッシュヒット**（cache hit）したという。この場合は，メモリアクセス時間＝キャッシュメモリのアクセス時間（t_{cache}）となり，高速アクセスが実現される（**図 9**.7（a））。目的のデータがキャッシュメモリに存在しなければ，**キャッシュミス**（cache miss）したという。この場合は，メインメモリから必要なブロックをキャッシュメモリに転送した際に，キャッシュメモリに対してアクセスを行うことになる（図9.7（b））。

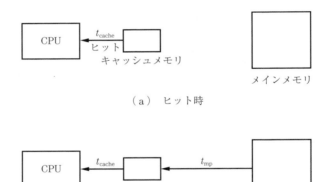

（a） ヒット時

（b） ミス時

図 9.7　キャッシュヒットとキャッシュミス

キャッシュミス時，t_{cache} に加えて余分にかかる時間（t_{mp}）をミスペナルティと呼ぶ。

総アクセス数に対するキャッシュヒット数の割合をヒット率，キャッシュミス数の割合をミス率という。

$$\text{ヒット率}\ \alpha = \frac{\text{キャッシュヒット数}}{\text{総アクセス数}}$$

$$\text{ミス率 } \beta = \frac{\text{キャッシュミス数}}{\text{総アクセス数}}$$

キャッシュミスの原因は，**図 9.8** に示すように，キャッシュメモリにデータがセットされていない初期状態におけるミス（**コンパルソリミス**：compulsory miss），キャッシュメモリからメインメモリに戻したブロックに再アクセスする際のミス（**容量ミス**：capacity miss），セットアソシエイティブ方式において同一セットのブロックの競合によりメインメモリに戻したブロックに再アクセスする際のミス（**競合ミス**：conflict miss），に大別される。

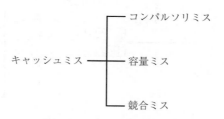

図 9.8 キャッシュミスの原因

〔**2**〕 **コヒーレンシの保持**

キャッシュヒット時では，アクセスされたキャッシュメモリに対して読み書きが行われるが，コピー元であるメインメモリのブロックデータも更新し，キャッシュメモリとメインメモリの同一性（**コヒーレンシ**：coherency）を保持する必要がある。

メインメモリのデータの更新の方法として，**図 9.9** に示す**ライトスルー**（write through）**方式**と**図 9.10** に示す**ライトバック**（write back）**方式**がある。

ライトスルー方式では，キャッシュメモリの書き換えの都度，同じタイミングでメインメモリの更新を行う。つねにコヒーレンシが保たれるが，書き込み時にはメインメモリへのアクセス時間を必要とするため，キャッシュメモリによる性能向上は図れない。

ライトバック方式では，キャッシュのブロックが追い出される（ブロックの置換）際にメインメモリのブロックを更新するため，ライトスルー方式と比べ

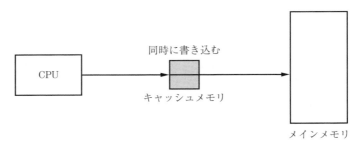

図 9.9　ライトスルー方式

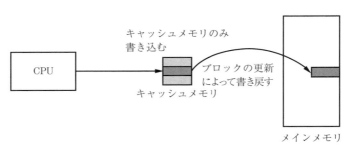

図 9.10　ライトバック方式

てメモリアクセス数が減り，性能が向上する利点がある。一方で，コヒーレンシが保持されない時間が存在する点や，ブロック更新のための制御が必要となる欠点もある。

　　9.3　マルチバンク　　

　キャッシュメモリを使い見かけ上メインメモリを高速化する手法に対して，メインメモリ自体の性能を高める手法として，**マルチバンク**（multi bank）を用いた構成がある。

〔**1**〕バ　ン　ク

　メモリにおいて，独立して読み書きが行える管理単位を**バンク**（bank）と呼ぶ。同一バンクに対するアクセスは，そのサイクルが終わるのを待ってからつぎのアクセスを行う。**図 9.11** にバンク数が 1 のメモリのアクセス例として，

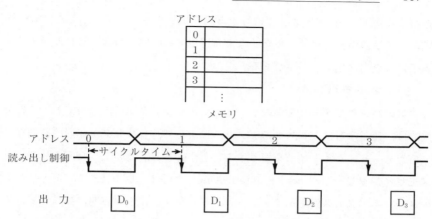

図 9.11　バンク数が 1 の（マルチバンク構成でない）メモリのアクセス例

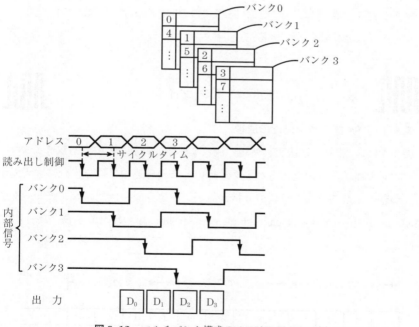

図 9.12　マルチバンク構成のメモリのアクセス例

連続するアドレス（0, 1, 2, ...）に対する読み出しタイミングを示した。この構成のメモリの場合，サイクルタイムを高速化するには，制御回路およびメモリ素子自体を高速化する必要がある。

〔**2**〕　**マルチバンク**

複数のバンクでメモリを構成し，アドレスをバンク順に割り当てる。この構成では，連続するアドレスへのアクセスに対して，各バンクが並列的に動作できるため，サイクルタイムを短くすることができる。このようなメモリ方式を**メモリインタリーブ**（memory interleaving）と呼ぶ。**図 9.12** にマルチバンクのメモリのアクセス例を示す。アドレスがバンク順に水平方向に振られているため，連続するアドレスのデータ転送（バースト転送）に対して，バンクのサイクルタイムより短いサイクルでデータ転送を行うことができる。

マルチバンク構成は，クロック同期式の DDR メモリ（DDR5 等）やフラッシュメモリなどに使われている。

9.4　パイプライン

9.4.1　パイプライン処理の原理

図 9.13 に一般的な逐次実行処理の流れを示す。命令ごとにフェッチ，デコード，エクセキュート，ライトバックを行い，この一連の処理を完全に終えてから，つぎの命令のフェッチに取り掛かる。このような逐次型のコンピュータを**SISD**（single instruction stream, single data stream：単一命令流，単一データ流）と呼ぶ。

f：フェッチ　d：デコード　e：エクセキュート　w：ライトバック

図 9.13　逐次実行処理の流れ

　フェッチ，デコード，エクセキュート，ライトバックの処理単位はステージと呼ばれ，それぞれに対する処理ユニットが用いられる。いま，各ステージの処理時間を t とすると，1 命令当りに要する時間は $4t$ となる。

　図 9.13 の場合，ある時期に処理されているステージは，4 ステージのうちの一つである。例えば，デコードステージが処理されている間は，フェッチ，エクセキュート，ライトバックの処理ユニットは待ち状態となっている。

　これに対して，命令の完了を待たずに各ステージにつぎつぎと処理を投入する手法を**パイプライン**（pipeline）処理と呼ぶ。パイプライン処理では，各ステージにおける処理ユニットの空き時間を減らし，ハードウェアを有効活用する。

　図 9.13 の各ステージをパイプライン化したものを**図 9.14** に示す。命令当りのステージ数は，パイプラインの段数と呼ばれる。この場合のパイプライン段数は 4 である。1 命令当りに要する処理時間は図 9.13 と同じく $4t$ であるが，実際には異なるステージがオーバーラップして処理されているので，全体としては，t ごとに命令が実行されていることになる。例えば，図 9.14 の矢印の時点では，［命令 1 のライトバック］，［命令 2 のエクセキュート］，［命令 3 のデコード］，［命令 4 のフェッチ］が同時に行われている。

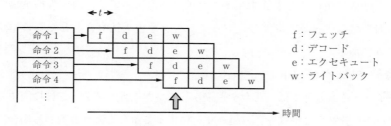

図 9.14　パイプラインの流れ

9.4.2　パイプラインハザード

　実際の処理においては，パイプライン処理が正常に行われずに，中断することがある。これを**パイプラインハザード**（pipeline hazard）と呼ぶ。パイプラインハザードの原因としては，構造的ハザード，データハザード，制御ハザー

ドがある。

〔1〕 **構造的ハザード**

　構造的ハザード（structural hazard）は，メモリ，レジスタ，演算器などのリソースを同時に使おうとした際の競合によるハザードである。この場合，リソースの競合が解消されるまで，パイプラインの遅れが生じる。

〔2〕 **データハザード**

　データハザード（data hazard）は，データの読み書きの順序に起因して発生するハザードで，RAW，WAR，WAW に分けられる。

① **RAW**（read after write）

　　まだ書き込まれていないデータに対して読み出しを行おうとした場合，目的のデータが作られるまで，パイプラインが待たされる。

② **WAR**（write after read）

　　読み出す予定があるデータが格納されている場所に対して，書き込もうとした際のハザードである。この場合，データが読み出されるまでパイプラインが待たされる。

③ **WAW**（write after write）

　　命令に追い越しを許すパイプライン処理において，同一の格納場所に対して，書き込み順序に逆らってデータを書き込もうとした際のハザードである。

〔3〕 **制御ハザード**

　パイプライン処理では，命令を先読みしてつぎつぎとステージに投入する。そのため，分岐命令や割り込み処理などによって命令の流れが変わる場合は，途中まで行ったステージの内容を破棄し，新たな命令をステージに投入することになる。このように，プログラムの流れが変わることによって発生するハザードを制御ハザードと呼ぶ。

　図 9.15 に制御ハザードの例を示す。図 9.15（a）のフローに従って，パイプラインの各ステージに処理が投入されている。図 9.15（b）では，パイプラインの投入に従って実行されているため，パイプラインの乱れは生じていな

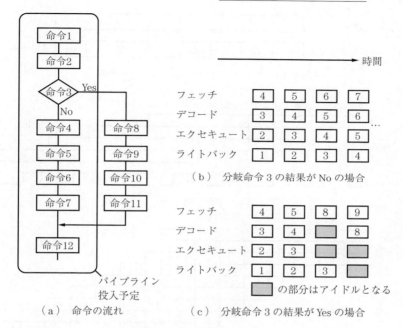

図 9.15　制御ハザード

い。しかし，図 9.15（c）では，命令 3 の分岐結果（Yes）により，パイプラインに投入されている命令 4 のエクセキュートはなされずに，分岐先である命令 8 のフェッチが行われる。すなわち，命令 4，命令 5 に関するステージの処理は破棄されることになり，その分の処理ユニットのアイドルが発生する。

　制御ハザードを抑制する方法として，分岐予測を行うハードウェアを付加する動的な手法や，コンパイル時に静的に対処する手法が用いられる。

9.4.3　スーパーパイプライン

　スーパーパイプライン（super pipeline）処理では，**図 9.16**のようにパイプラインのステージをさらに細分化することにより，各ステージの処理を単純化させて動作周波数を上げることを目的とする。**図 9.17**にパイプライン（段数 4）とスーパーパイプライン（段数 8）の実行の流れを示す。スーパーパイプラインでは，原理的にはステージの細分の度合いに応じた動作周波数向上が期待で

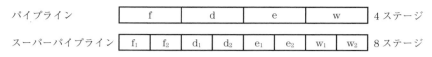

図 9.16　スーパーパイプラインステージの例

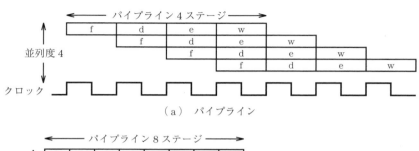

（a）　パイプライン

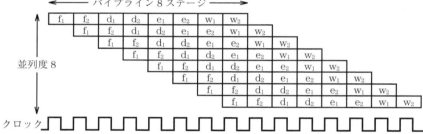

（b）　スーパーパイプライン

図 9.17　パイプラインとスーパーパイプライン

きる。しかしその反面，パイプラインハザードの発生時のロスは大きくなる。

　実際にパソコンで使われるマイクロプロセッサでは，20 段のパイプライン
を持つものもある。

　　　9.5　並　列　処　理　　　

9.5.1　スーパースカラ

　演算に用いるそれぞれの値を**スカラ**（scalar）と呼び，スカラに対する演算
をスカラ演算という。**スーパースカラ**（super scalar）では，命令実行時に必
要なハードウェアを複数備えて，複数の命令を並列にフェッチして実行する。

例えば**図 9.18** の矢印の時点では，［命令 1 のエクセキュート］，［命令 2 のエクセキュート］，［命令 3 のライトバック］，［命令 4 のライトバック］が同時に行われている。通常はパイプライン処理と併用されて用いられる手法で，一般的には並列度に応じて，整数演算ユニット，浮動小数点演算ユニット，データ転送ユニットなどの実行ユニットを複数配置する。

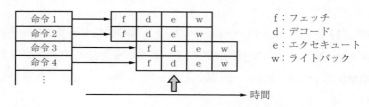

図 9.18　スーパースカラの原理

スーパースカラの実行効率を高めるために，**アウト・オブ・オーダ**（out-of-order）**方式**が用いられる。アウト・オブ・オーダ方式では，プログラムの順番（フェッチした順）にとらわれずに，実行可能な命令から実行ユニットに投入する。

9.5.2　VLIW

VLIW（very long instruction word）は，256 ビット以上の長い復号化命令をフェッチし，複数の処理ユニットに対して並列に処理を投入する。この投入の順序は，**スケジューリング**（scheduling）と呼ばれ，コンパイラによって静的

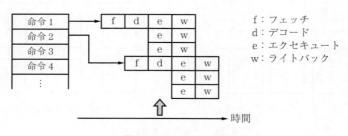

図 9.19　VLIW の原理

に決定される。そのため，スーパースカラと比べて，命令の発行およびデコード回路等のハードウェアは簡単になる。例えば**図 9.19** の矢印の時点では，［3個の実行ユニットによる命令 1 のエクセキュート］と［命令 2 のデコード］が同時に行われている。

9.5.3　マルチプロセッサ

マルチプロセッサ（multi-processor）では，複数の**プロセッサユニット**（PU：processor unit）により，並列に複数のデータや命令を処理する。このような形を **MIMD**（multiple instruction stream, multiple data stream：多重命令流，多重データ流）と呼ぶ。

　マルチプロセッサ方式（**図 9.20**）では，それぞれの PU が共有メモリを介してデータのやりとりを行う。共有メモリの構成方式には，**集中共有メモリ**（centralized shared memory）と**分散共有メモリ**（distributed shared memory）がある。集中共有メモリ方式では，PU がすべてのメモリに対してアクセスできるという利点と，メモリアクセスの際にネットワークによる遅延が発生するという欠点を持つ。これに対して，分散共有メモリ方式では，PU 支配下のメモリアクセスは高速であるが，それ以外のメモリに対しては，仮想的に共有しアクセスするため，遅延が大きくなる面がある。

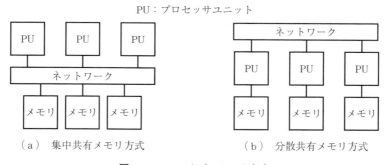

PU：プロセッサユニット

（a）　集中共有メモリ方式　　　　　（b）　分散共有メモリ方式

図 9.20　マルチプロセッサ方式

9.5.4　マルチコアプロセッサ

マイクロプロセッサでは，CPU 部分のコアを中心として，拡張機能を担う周辺回路や外部とのやりとりを行うインタフェース部が一つの LSI に構成されている。複数のコアを一つの LSI に配置したものを**マルチコアプロセッサ**（multi-core processor）と呼ぶ。マルチコアプロセッサでは，マルチプロセッサ方式と同様に，並列処理により性能向上を図ることができる。

現行のパソコンでは，マルチコアプロセッサが主流となっている。

 ## 9.6　コンピュータシステムの信頼性

9.6.1　RAS

システムの障害が発生することを前提に，信頼性の高いシステムを構築するための評価基準として，RAS という概念がある。RAS とは，信頼性（reliability），可用性（availability），保守性（serviceability）の三つの指標の頭文字からなる用語である。これら三つに完全性（integrity），機密性（security）を加えた RASIS という用語も用いられる。システムの信頼性を上げるには，障害の発生率を抑えるとともに，障害の発生時にシステムをより短い時間で復旧させるなどの対策が必要となる。

9.6.2　MTBF

信頼度の評価として，障害が発生するまでの期間が用いられる。システムが，**図 9.21** のように稼働している場合，平均の連続稼働時間は次式のように計算できる。

$$MTBF = \frac{T_1 + T_2 + \dots + T_n}{n}$$

この時間は平均故障間隔 **MTBF**（mean time between failure）と定義され，システムの故障率が λ である場合，MTBF はその逆数として求められる。

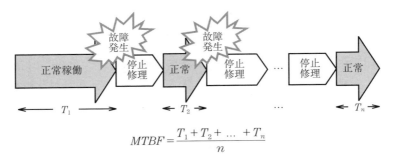

$$MTBF = \frac{T_1 + T_2 + \ldots + T_n}{n}$$

図 9.21　MTBF

9.6.3　MTTR

　システムに障害が発生したとき，修理をして復旧するまでの時間が短いほど，システムの信頼性が高いといえる。システムの復旧にかかる平均時間のことを平均修復時間または **MTTR**（mean time to repair）という。MTTR はシステムの可用度の評価に用いられる。**図 9.22** の稼働状況においては，MTTR を

$$MTTR = \frac{t_1 + t_2 + \ldots + t_m}{m}$$

と計算できる。

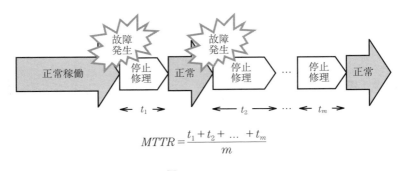

$$MTTR = \frac{t_1 + t_2 + \ldots + t_m}{m}$$

図 9.22　MTTR

9.6.4　稼　働　率

　ある期間においてシステムが正常動作している確率を稼働率といい，可用性の評価に用いられる。稼働率は，MTBF と MTTR の値から次式で求めること

ができる。

$$稼働率 = \frac{MTBF}{MTBF + MTTR}$$

9.6.5 システムの稼働率

複数の装置を接続したシステム全体の稼働率は，各装置の稼働率からつぎのように評価される。

〔1〕 直列システム

図 9.23 のように二つの装置が直列に接続されてシステムを構成している場合，システムが正常に動作するにはすべての装置が稼働している必要がある。したがって，装置 1,2 の稼働率がそれぞれ A_1, A_2 であるときシステム全体の稼働率 A は次式で求められる。

$$A = A_1 \times A_2$$

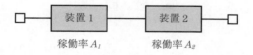

図 9.23 直列システム

〔2〕 並列システム

図 9.24 のように二つの装置が並列に接続され，少なくとも一つの装置が稼働すればシステムが正常に動作する場合，装置 1,2 の稼働率がそれぞれ A_1, A_2 であるときシステム全体の稼働率 A は次式で求められる。

$$A = 1 - (1 - A_1) \times (1 - A_2)$$

図 9.24 並列システム

〔**3**〕 **直並列システム**

装置が直列と並列を組み合わせて構成されるときは，上記の関係から稼働率が求められる。例えば，**図 9.25** のような三つの装置を組み合わせた直並列システムの場合，装置 1,2,3 の稼働率 A_1, A_2, A_3 から，システム全体の稼働率 A を次式で求めることができる。

$$A = A_1 \times \{1 - (1 - A_2) \times (1 - A_3)\}$$

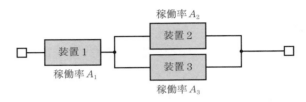

図 9.25 直並列システム

演 習 問 題

1. マルチプログラミング方式について，コンピュータの高速化の観点より説明しなさい。

2. キャッシュメモリによるコンピュータの高速化の原理について説明しなさい。

3. **図 9.26** に示すキャッシュメモリの構成において，1 次キャッシュミス時のミスペナルティが

　①2 次キャッシュでヒットした場合を 10 単位時間

　②2 次キャッシュもミスし，メインメモリにアクセスした場合を 40 単位時間

とし，1 次キャッシュのミス率 $\beta_1 = 20\%$，1 次キャッシュ，2 次キャッシュともにミスした場合のミス率 $\beta_2 = 5\%$ であるとき

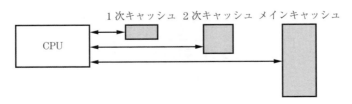

図 9.26 キャッシュメモリの構成

（1）　1次キャッシュがミス，2次キャッシュがヒットする確率 β_3 を求めよ。

（2）　全体のミスペナルティ β を求めよ。

④ メモリ構成におけるマルチバンクについて高速化の観点より説明しなさい。

⑤ パイプラインハザードの原因の一つであるデータハザードについて，その種類と現象について説明しなさい。

⑥ 各装置の稼働率 A,B がそれぞれ下記のとき，**図 9.27**（a），（b），（c）の各システムのシステム全体の稼働率を求めなさい。

（1）　（稼働率 A, 稼働率 B) = (70%, 90%)

（2）　（稼働率 A, 稼働率 B) = (90%, 70%)

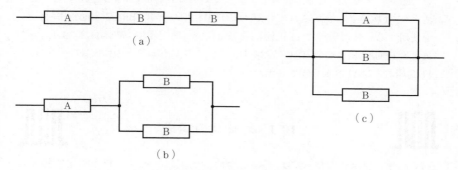

図 9.27　システム例

⑦ 装置 A の稼働率を 95%，装置 B の稼働率を 70% とするとき，**図 9.28** のシステム全体の稼働率を 90% 以上とするためには，装置 B が何台以上必要か求めなさい。

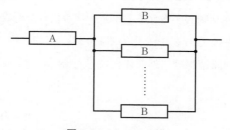

図 9.28　システム例

⑧ 現行のスーパーコンピュータを三つ挙げて，これらに使われている CPU（CPUコア）の数をそれぞれ示しなさい。

10

FPGA によるメモリのアクセス

本章では，FPGA 内へのメモリ構成方法とメモリコントローラの記述例について示す。メモリとして，回路モジュールである IP（intellectual property）を活用し，FPGA 内に実装されているメモリ向けリソースの BRAM（block RAM）を使用する。使用環境は 11.1 節に示した環境（開発環境：Vivado 2022.1，実装対象 FPGA：XC7A35T-L1CSG324-1L）とし，プロジェクトの作成等の手順は，11.2 節および 11.3 節を参照されたい。

10.1　メモリの構成

FPGA は，SRAM で構成されているため，内部にメモリブロックを実装することが可能である。本節では，メモリの一種であるシングルポート SRAM を実装する手順について述べる。まず，実装する SRAM は**表 10.1** に示す仕様である。また，ブロック図を**図 10.1** に示す。アドレス信号，クロック信号，データ入出力，読み書きを制御するライトイネーブル信号で構成した。加えて，実装には回路モジュールである IP を用いる。

なお，FPGA の回路情報は，外部に接続した ROM より電源投入時に自動的

表 10.1　実装する SRAM の仕様

項　目	値
データ幅	8 ビット
アドレス幅	8 ビット＝256 アドレス
容量	8 ビット×256＝2 048 ビット

図 10.1　実装する SRAM のブロック図

にロードされインプリメントするため，メモリに書き込まれる内容については，電源投入の都度初期化が行われる。

① ブロック図を作成するために「Create Block Design」をクリックし，「Design name」を変更する場合は適宜変更した後，「OK」を選択する（**図 10.2**）。

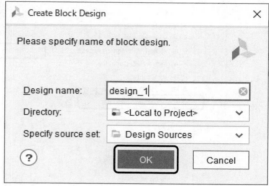

図 10.2 SRAM の実装手順 1

② **図 10.3** のように「Press the + button to add IP」→「Block Memory Generator」の順に選択し，ダブルクリックする。

③ ブロック図が作成されるので，SRAM の仕様を設定するために，ブロックをダブルクリックする（**図 10.4**）。

④ **図 10.5 ～ 10.7** のように「Block Memory Generator」が開くので，「Basic」タブをはじめとして，各タブを図のとおりに設定する。おもに，「Basic」タブではメモリの種類を「Single Port RAM」に設定し，「Port A Options」タブでは，メモリの入出力幅やアドレス数を設定可能である。入出力のビット数を「Write Width」および「Read Width」で指定し，アドレス数を「Write Depth」および「Read Depth」で指定する。また，「Other Options」タブの「Load Init File」を指定することにより，メモリの初期値を設定することも可能である。なお，「Summary」タブは設定結果の要約を示すタブであるため，設定不要である。設定が済み次第，「OK」をクリックする。

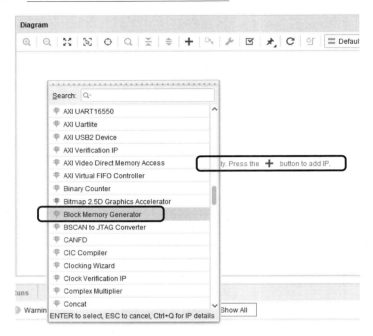

図 10.3　SRAM の実装手順 2

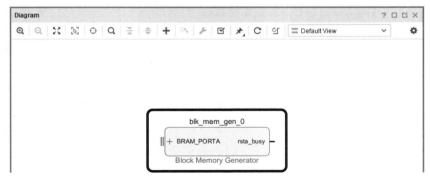

図 10.4　SRAM の実装手順 3

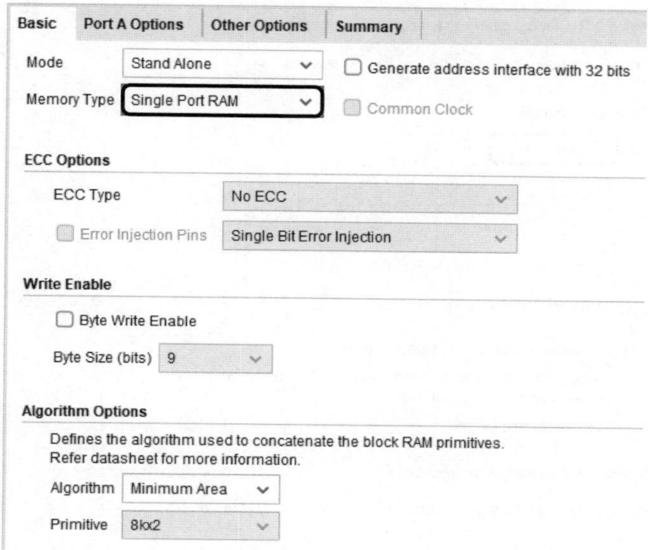

図 10.5　SRAM の実装手順 4（「Basic」タブの設定）

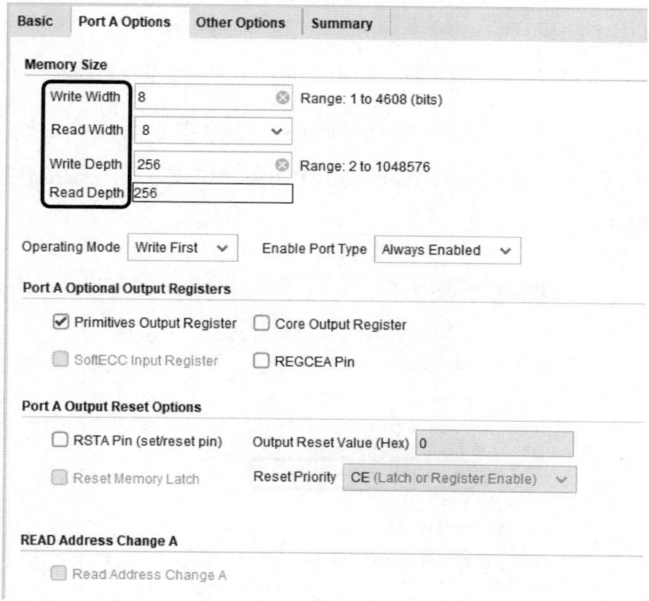

図 10.6　SRAM の実装手順 5（「Port A Options」タブの設定）

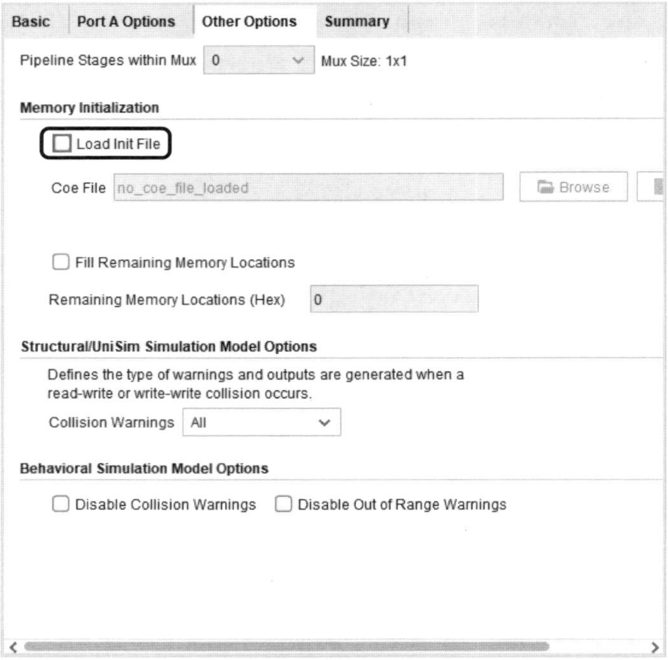

図 10.7　SRAM の実装手順 6（「Other Options」タブの設定）

⑤ File メニューより「Save Block Design」を選択し保存すると，SRAM の
IP として「design_1_blk_mem_gen_0_0」が生成され，SRAM を構成でき
た（**図 10.8**）。

図 10.8　SRAM の実装手順 7

⑥ 転送元の ROM を作成するために手順 ② ～ ③ を行い，その後**図 10.9** のように「Single Port ROM」を選択し，「Port A Options」タブを**図 10.10** のように設定する。

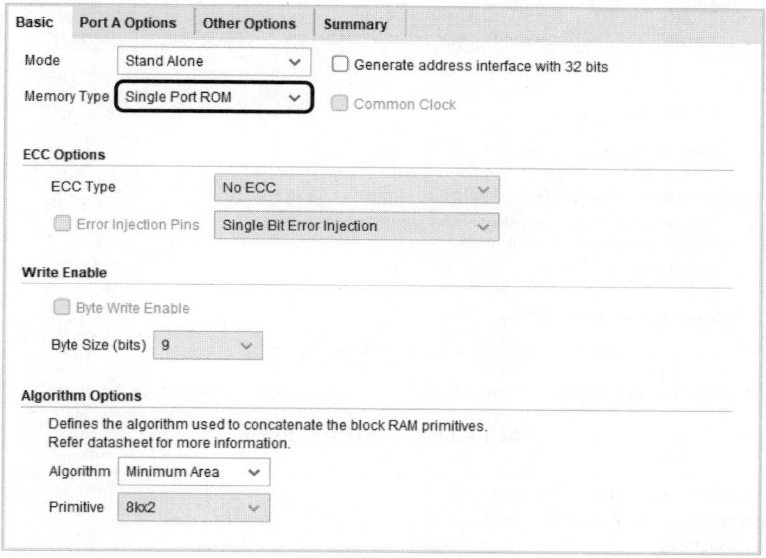

図 10.9　ROM の実装手順 1

図 10.10　ROM の実装手順 2

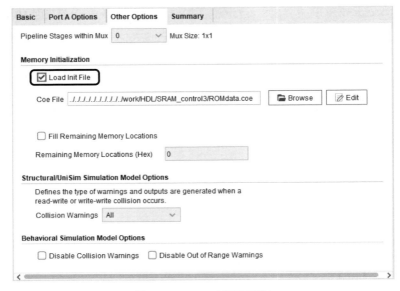

図 10.11　ROM の実装手順 3

```
 1 memory_initialization_radix=2;
 2 memory_initialization_vector=
 3 00000000,
 4 00000001,
 5 00000010,
 6 00000100,
 7 00001000,
 8 00010000,
 9 00100000,
10 01000000,
11 10000000,
12 01000000,
13 00100000,
14 00010000,
15 00001000,
16 00000100,
17 00000010,
18 00000001,
19 11001100,
20 00110011,
21 11110000,
22 00001111,
23 11111111;
```

図 10.12　Coe ファイルの記述例

⑦ ROM に格納するデータを指定するために，「Load Init File」にチェックを
入れ，Coe ファイルを指定する（**図 10.11**）。Coe ファイルは，「Edit」を
クリックして作成可能であるが，フォーマットに準じていればテキスト
エディタ等で作成することも可能である。Coe ファイルの記述例を**図
10.12** に示す。1 行目に基数を記述し，"memory_initialization_vector="
から "；" まで "，" で区切りながら記述することが可能である。この例
では，8 ビットごとに "，" で区切っている。

 ## 10.2　メモリコントローラの記述例

メモリコントローラの記述例を**コード 10.1** に示す。メモリコントローラは，
メモリのアドレスや書き込みおよび読み込み等の制御を行うために必要とな
る。各信号の機能について**表 10.2** に示す。このコントローラは，ROM に格
納されたデータを SRAM に転送して書き込み，書き込んだデータを LED で表
示する機能としている。また，転送時はクロックの実速度である 100 MHz，
リード（読み込み）時は視認性の面より $100 \times 10^6/2$ カウントするカウンタを
用意し，1 Hz のクロックを生成し動作するようにしている。なお，リード時
に関しては，処理で発生する遅延時間であるレイテンシが2クロック発生する。

コード 10.1　メモリコントローラの記述例【SRAM_CONTROL.v】

```verilog
 1 module SRAM_CONTROL(
 2     input  clk, rst, mode, start_stop,
 3     input  [7:0] sram_din,
 4     output we,control_clk,start_LED, mode_LED,
 5     output [7:0] addr_out, LED
 6     );
 7
 8 reg [7:0] COUNT_trans=8'd0;
 9 reg [7:0] COUNT_read=8'd0;
10 reg start_stop_flag=0;
11 reg stop_trans=0;
12 reg stop_read=0;
13 reg [26:0] div_clk_COUNT=27'd0;
```

```
14 reg div_clk=0;
15 reg we_trans=0;
16 reg we_read=0;
17
18 //トリガフラグ
19 always @(posedge start_stop, posedge stop_trans, posedge stop_read)begin
20     if(start_stop == 1 || stop_trans ==1 || stop_read ==1)begin
21         start_stop_flag <= ~start_stop_flag;    //0:stop, 1:start
22     end
23     else begin
24         start_stop_flag <= start_stop_flag;
25     end
26 end
27
28 //分周クロック(1 Hz)生成
29 always @(posedge clk)begin
30     if(start_stop_flag == 1 && mode == 1)begin
31         if (rst == 1'b1 || div_clk_COUNT == 27'd10)begin    //org 10000000/2
32             div_clk <= ~div_clk;
33             div_clk_COUNT <= 27'd0;
34         end
35         else begin
36             div_clk_COUNT <= div_clk_COUNT + 27'd1;
37         end
38     end
39     else begin
40         div_clk_COUNT <= 0;
41     end
42 end
43
44 //ROMリード&RAM転送
45 always @(posedge clk)begin
46         if(start_stop_flag == 1 && mode == 0 && stop_trans == 0)begin
47             if (rst == 1'b1 || COUNT_trans == 8'd25)begin  //org255
48                 COUNT_trans <= 8'd0;
49                 stop_trans <= 1;
50                 we_trans <= 0;
51             end
52             else begin
53                 stop_trans <= 0;
54                 we_trans <= 1;
55                 COUNT_trans <= COUNT_trans + 4'd1;
56             end
57         end
58         else begin
59             COUNT_trans <= COUNT_trans;
```

```
 60          end
 61 end
 62
 63 //SRAMリード
 64 always @(posedge div_clk)begin
 65         if(start_stop_flag == 1 && mode == 1 && stop_read == 0)begin
 66             if (rst == 1'b1 || COUNT_read == 8'd25)begin   //org255
 67                 COUNT_read <= 8'd0;
 68                 stop_read <= 1;
 69                 we_read <= 0;
 70             end
 71             else begin
 72                 stop_read <= 0;
 73                 we_read <= 0;
 74                 COUNT_read <= COUNT_read + 8'd1;
 75             end
 76         end
 77         else begin
 78             COUNT_read <= COUNT_read;
 79         end
 80 end
 81
 82 //モードごとのセレクタ
 83 assign addr_out = (mode == 0) ? COUNT_trans :
 84                         (mode == 1) ? COUNT_read   :
 85                             0  ;
 86
 87 assign we = (mode == 0) ? we_trans :
 88                         (mode == 1) ? we_read   :
 89                             0  ;
 90
 91 assign start_LED = start_stop_flag;
 92
 93 assign control_clk = (mode == 0) ? clk :
 94                         (mode == 1) ? div_clk   :
 95                             0  ;
 96
 97 assign LED = sram_din;
 98 assign mode_LED = mode;
 99
100 endmodule
```

表 10.2 メモリコントローラの信号および機能

信号名	本 数	信号方向	機 能
clk	1	input	クロック入力（100 MHz）
rst	1		リセット信号
mode	1		モード信号（1＝転送，0＝SRAM 格納データリード）
start_stop	1		スタート・ストップ信号
sram_din	8		SRAM のデータ出力の入力
we	1	output	ライトイネーブル信号出力
control_clk	1		SRAM 格納データのリード時用クロック（1 Hz）
start_LED	1		スタート状態を LED 表示
mode_LED	1		モードの状態を LED 表示
addr_out	8		アドレス出力
LED	8		各メモリより出力されたデータを LED 表示

10.3 メモリ機能チェックシステムの構築

構築したブロックを接続し，システムを構築する。

① 10.2 節で設計したメモリコントローラをブロックにするために，**図 10.13** のようにブロック化対象の回路（この図では SRAM_control）上で

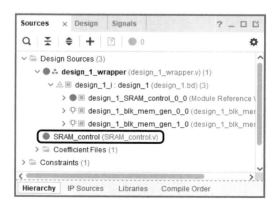

図 10.13 回路のブロック化

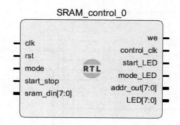

図 10.14 メモリコントローラのブロック図

右クリックし，「Add Module to Block Design」を選択すると，**図 10.14** のようなブロックが生成される。

② 外部との入出力ポートを作成するために，ブロック図が表示されている「Diagram」画面において右クリックし，「Create Port」を選択すると，**図 10.15** のような画面が表示されるので，適宜信号名等を入力および設定する。なお，ここでの信号名は第 11 章で述べる実装の際に必要となる，Verilog HDL で記述した回路のポートと FPGA の物理ポートとの接続関係等を記述する xdc ファイルとの整合をとる必要がある。

③ **図 10.16** のとおりに入出力ポートの作成および結線を行う。

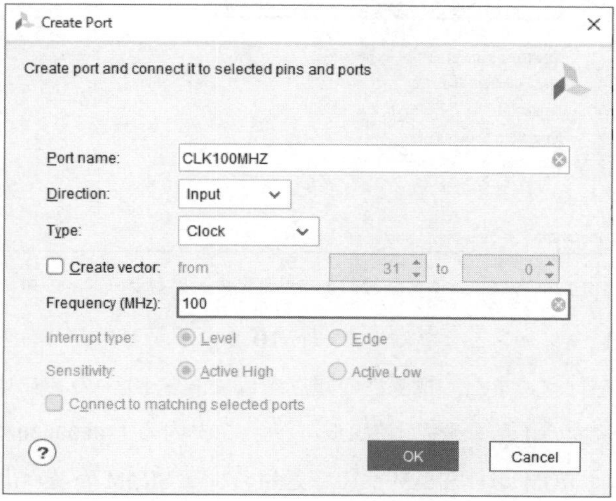

図 10.15 Create Port の画面例

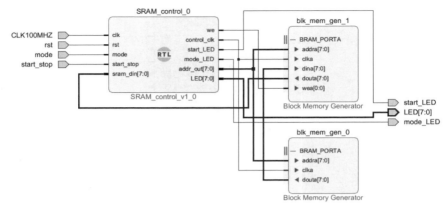

図 10.16 各ブロック間の結線

④ 各ブロックの結線および外部との入出力ポートを一つのブロックとして
まとめるために，**図 10.17** に示すように「*.bd」部分で右クリックし，
「Create HDL Wrapper」を選択し実行すると「〜 wrapper」が生成される。

図 10.17 各ブロックの結線および外部との入出力ポートとの複合化

⑤ シミュレーションとしては，**コード 10.2** に示すテストベンチを実行し動
作確認を行う。また，視認性の観点からコード 10.1 のメモリコントロー
ラ記述例内の 1 秒を生成するためのカウンタ内の 100000000/2（31 行目）
を 10 に，ROM から SRAM への転送用および SRAM の読み出し用カウン
タの最大値（47，66 行目）を 25 に置き換えて実行した結果を，**図 10.18**

コード 10.2 メモリ機能チェックシステムのテストベンチ例【SRAM_CONTROL_sim.v】

```
 1  `timescale 1ns / 1ps
 2
 3  module SRAM_CONTROL_sim(
 4
 5      );
 6      parameter WB_PERIOD = 10.0;
 7      parameter TRANS_CONT = 250; //転送モード継続時間
 8      parameter READ_CONT = 5500; //リードモード継続時間
 9      reg sim_clk = 1'b0;
10      reg sim_rst = 1'b0;
11      reg sim_mode = 1'b0;
12      reg sim_start_stop = 1'b0;
13      wire sim_start_LED;
14      wire sim_mode_LED;
15      wire [7:0]sim_LED;
16
17      initial begin   //初期化(転送モード)
18          sim_clk = 1'b0;
19          sim_rst = 1'b1;
20          sim_mode = 1'b0;
21          sim_start_stop = 1'b0;
22          #10
23          sim_rst = 1'b0;
24          sim_start_stop=1'b1;
25          #20
26          sim_start_stop=1'b0;
27          #TRANS_CONT
28
29          sim_mode = 1'b1;     //リードモード
30          #10
31          sim_start_stop=1'b1;
32          #10
33          sim_start_stop=1'b0;
34          #READ_CONT
35          $finish;
36      end
37
38
39      always#(WB_PERIOD/2)begin
40          sim_clk = ~sim_clk;
41      end
42
43      design_1_wrapper sram_control0(
```

```
44 |       .CLK100MHZ(sim_clk),
45 |       .rst(sim_rst),
46 |       .mode(sim_mode),
47 |       .start_stop(sim_start_stop),
48 |       .start_LED(sim_start_LED),
49 |       .mode_LED(sim_mode_LED),
50 |       .LED(sim_LED)
51 |    );
52 | endmodule
```

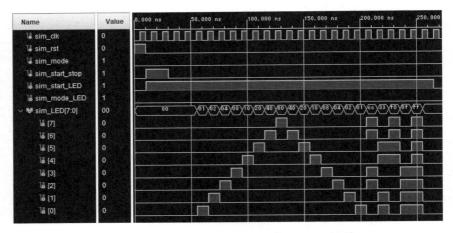

図 10.18 シミュレーション結果例(転送モード部分)

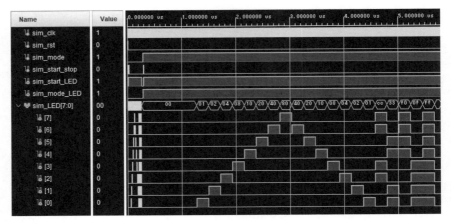

図 10.19 シミュレーション結果例(リードモード部分)

および**図 10.19** に示す。この際，Vivado のシミュレーション時間の初期値が 1 000 ns であるため，1 001 ns 以上のシミュレーションを実行するために，画面左側の「PROJECT MANAGER」内の「Settings」より，**図 10.20** に示すように「xsim.simulate.runtime」の値を「continue」に設定する。

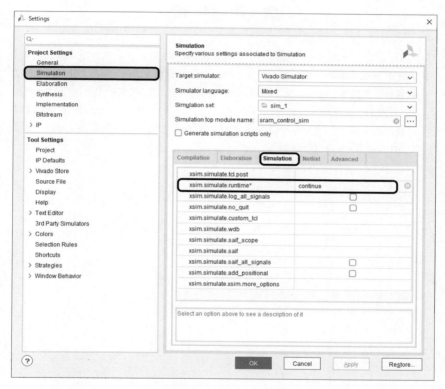

図 10.20　シミュレーションの設定

　このテストベンチでは，FPGA 内に構成した ROM から SRAM にデータ転送を行うために，転送モードを指定する mode 信号に 0 を印加し，クロックを印加しデータ転送機能のテストを行っている。また，その後 SRAM に格納されたデータの読み出しを行うために，リード機能が正常に動作しているかを確認する。なお，転送モードの継続時間を TRANS_CONT，リードモードの継続時間

を READ_CONT とする。シミュレーション結果を見ると，LED への出力信号に
対応するシミュレーション用信号 sim_LED の波形より，転送したデータおよび
読み出したデータが一致しており，期待どおりに動作していることが確認でき
る。

演 習 問 題

1 「1 Hz クロック生成」，「10 進カウンタ」，「2 進-10 進デコーダ」のブロックをそ
れぞれ作成および結線してシミュレーションを行い，2 進-10 進デコーダの出力
に着目して動作を確認しなさい。なお，視認性の面より 10.3 節 ⑤ を適用しなさい。

2 「1 Hz クロック生成」，「ROM」，「コントローラ」のブロックをそれぞれ作成およ
び結線し，シミュレーションにより動作を確認しなさい。なお，視認性の面よ
り 10.3 節 ⑤ を適用しなさい。

付録：設計に用いる命令セット一覧

アセンブリ言語		意　味	
		英　語	日本語
NOP		no operation	何もしない
LD	r, adr, x	load	メモリからレジスタへのデータ転送
ST	r, adr, x	store	レジスタからメモリへのデータ転送
LAD	r, adr, x	load address	実効アドレス値をレジスタに保存
LD	r1, r2	load	レジスタからレジスタへのデータ転送
ADDA	r, adr, x	add arithmetic	メモリとレジスタ間の算術加算
SUBA	r, adr, x	subtract arithmetic	レジスタとメモリ間の算術減算
ADDL	r, adr, x	add logical	レジスタとメモリ間の論理加算
SUBL	r, adr, x	subtract logical	レジスタとメモリ間の論理減算
ADDA	r1, r2	add arithmetic	レジスタ間の算術加算
SUBA	r1, r2	subtract arithmetic	レジスタ間の算術減算
ADDL	r1, r2	add logical	レジスタ間の論理加算
SUBL	r1, r2	subtract logical	レジスタ間の論理減算
INC	r	increment	レジスタに 1 を加算
DEC	r	decrement	レジスタから 1 を減算
AND	r, adr, x	and	レジスタとメモリ間の論理積演算
OR	r, adr, x	or	レジスタとメモリ間の論理和演算
XOR	r, adr, x	exclusive or	レジスタとメモリ間の排他的論理和演算
AND	r1, r2	and	レジスタ間の論理積演算
OR	r1, r2	or	レジスタ間の論理和演算
XOR	r1, r2	exclusive or	レジスタ間の排他的論理和演算
CPA	r, adr, x	compare arithmetic	レジスタとメモリ間の算術比較
CPL	r, adr, x	compare logical	レジスタとメモリ間の論理比較
CPA	r1, r2	compare arithmetic	レジスタ間の算術比較
CPL	r1, r2	compare logical	レジスタ間の論理比較
SLA	r, adr, x	shift left arithmetic	レジスタを算術左シフト
SRA	r, adr, x	shift right arithmetic	レジスタを算術右シフト
SLL	r, adr, x	shift left logical	レジスタを論理左シフト
SRL	r, adr, x	shift right logical	レジスタを論理右シフト
JMI	adr, x	jump on minus	負分岐
JNZ	adr, x	jump on non zero	非零分岐
JZE	adr, x	jump on zero	零分岐
JUMP	adr, x	unconditional jump	無条件分岐
JPL	adr, x	jump on plus	正分岐
JOV	adr, x	jump on overflow	オーバーフロー分岐
PUSH	adr, x	push	プッシュ
POP	r	pop	ポップ
CALL	adr, x	call subroutine	サブルーチンをコール
RET		return from subroutine	サブルーチンからリターン

引用・参考文献

1) 浅川　毅：基礎コンピュータシステム，東京電機大学出版局（2004）
2) 柴山　潔：改訂新版コンピュータアーキテクチャの基礎，近代科学社（2004）
3) 福本　聡，岩崎一彦：コンピュータアーキテクチャ，朝倉書店（2015）
4) 半谷精一郎，長谷川幹雄，吉田孝博：改訂 コンピュータ概論，コロナ社（2019）
5) デイビッド・マネー・ハリス，サラ・L・ハリス著，天野英晴，鈴木　貢，中條拓伯，永松礼夫訳：ディジタル回路設計とコンピュータアーキテクチャ 第2版，翔泳社（2017）
6) デイビッド・パターソン，ジョン・ヘネシー著，成田光彰訳：コンピュータの構成と設計 第5版　上・下，日経BP（2014）
7) 馬場敬信：コンピュータアーキテクチャ，オーム社（2000）
8) 曽和将容：コンピュータアーキテクチャ原理，コロナ社（1993）
9) M.モリス・マノ著，国枝博昭，伊藤和人訳：コンピュータアーキテクチャ，科学技術出版（2000）
10) 天野英晴 編：FPGAの原理と構成，オーム社（2016）

索　　引

──著者略歴──

浅川　毅（あさかわ　たけし）
2001 年　東京都立大学大学院工学研究科
　　　　　博士課程修了（電気工学専攻），
　　　　　博士（工学）
2003 年　東海大学助教授
2007 年　東海大学准教授
2013 年　東海大学教授
　　　　　現在に至る

土屋　秀和（つちや　ひでかず）
2010 年　東海大学連合大学院理工学研究科電
　　　　　気・電子コース博士課程修了（総合
　　　　　理工学専攻），博士（工学）
2014 年　東海大学非常勤講師
2017 年　東海大学助教
2022 年　東海大学講師
　　　　　現在に至る

四柳　浩之（よつやなぎ　ひろゆき）
1998 年　大阪大学大学院工学研究科博士
　　　　　後期課程修了（応用物理学専攻），
　　　　　博士（工学）
1998 年　徳島大学助手
2003 年　徳島大学講師
2005 年　徳島大学助教授
2007 年　徳島大学准教授
　　　　　現在に至る

Verilog HDL で学ぶコンピュータアーキテクチャ
Computer Architecture with Verilog HDL　　　ⓒ Asakawa, Yotsuyanagi, Tsuchiya 2024

2024 年 2 月 20 日　初版第 1 刷発行　　　　　　　　　　　　　　　　　★

検印省略	著　　者	浅　　川　　　　　　毅
		四　柳　浩　　之
		土　屋　秀　　和
	発 行 者	株式会社　コ ロ ナ 社
	代 表 者	牛 来 真 也
	印 刷 所	壮 光 舎 印 刷 株 式 会 社
	製 本 所	株式会社　グ リ ー ン

112-0011　東京都文京区千石 4-46-10
発 行 所　株式会社　コ ロ ナ 社
CORONA PUBLISHING CO., LTD.
Tokyo Japan
振替00140-8-14844・電話(03)3941-3131(代)
ホームページ　https://www.coronasha.co.jp

ISBN 978-4-339-02940-6　C3055　Printed in Japan　　　　　　（西村）